国家中职改革与发展示范校建设成果

工程测量专项训练

主　编　刘增理
主　审　杜　辉　李　星

北京理工大学出版社
BEIJING INSTITUTE OF TECHNOLOGY PRESS

图书在版编目(CIP)数据

工程测量专项训练/刘增理主编.—北京：北京理工大学出版社，2021.6重印

ISBN 978-7-5640-9428-7

Ⅰ.①工…　Ⅱ.①刘…　Ⅲ.①工程测量－教材　Ⅳ.①TB22

中国版本图书馆CIP数据核字(2014)第140310号

出版发行／北京理工大学出版社有限责任公司

社　　址／北京市海淀区中关村南大街5号

邮　　编／100081

电　　话／（010）68914775（总编室）

（010）82562903（教材售后服务热线）

（010）68948351（其他图书服务热线）

网　　址／http://www.bitpress.com.cn

经　　销／全国各地新华书店

印　　刷／定州市新华印刷有限公司

开　　本／787毫米×1092毫米　1/16

印　　张／5.5

字　　数／99千字

版　　次／2021年6月第1版第3次印刷

定　　价／15.00元

责任编辑／洪晓英

文案编辑／封　雪

责任校对／周瑞红

责任印制／边心超

国家中职改革与发展示范校建设成果

丛书编委会

主　任： 杜建忠

副主任： 张　冬　张自平　苏东阳　张世西　孟祥斌

委　员： 李剑平　严永哲　孙文平　王永琪　王景峰　杜　辉　李喜民
王昌利　杨新战　张润溪　张　振　侯玉印　毛兴中　封胜利

本书编写组

主　编： 刘增理

参　编： 陈　强（企业）　董　鹏　程太行

主　审： 杜　辉　李　星（企业）

前言
PREFACE

中等职业教育的理念是“以服务为宗旨，以就业为导向”，目的是为社会培养急需的生产、建设、管理、服务一线的应用型人才。教学是中职学校的工作核心，通过教学能使学生掌握知识，形成技能。教材是教学活动的基础，是知识和技能的有效载体。目前，现有教材存在很大缺陷，难以满足中等职业教育的实际需要。为此，中职学校开发具有一定地域特色和浓厚学校色彩的校本教材，也显得尤为重要。编者针对中职学校学生的特点，在结合多年教学实践的基础上编写本教材。

本教材用于培养公路专业初、中级技工，具体有以下特点：

1.知识科学性。本教材不是简单的知识堆砌，而是科学合理地安排知识和内容，并同时体现前瞻性。教材的编写着眼未来技术的发展方向，为学生在未来接受新的知识和技术奠定基础，使他们有一定的知识储备，以适应未来的工作需要。

2.技能实用性。中职学校的目标是为社会培养实用型人才，本教材的编写体现“以学生为本”的特点，充分考虑学生的实际学习能力，选择未来工作岗位所需求的知识和技能，内容不仅简单、实用、有效， 而且重点突出，保证在有限的时间内把学生需要掌握的知识直接呈现在他们面前。

3.对象针对性。本教材的服务对象是本校的师生，了解他们的需求和意见，并将他们的需求和意见体现到教材的编写工作中。

4.趣味性和生动性。教材内容编写时，针对中职学生学习兴趣不浓的特点，内容与语言等加入生动和趣味元素，素材贴近生活，紧跟时代步伐，使教材具有趣味性和生动性。

本教材是陕西省交通高级技工学校公路施工与养护专业校本教材之一，内容包括：水准测量、角度测量、闭合导线测量、公路中线测量、全站仪测量、RTK（GPS）测量、路线放样的几种方法。

PREFACE

参加本书编写工作的有：陕西省交通高级技工学校教师董鹏（编写训练项目一）、刘增理（编写训练项目二、三、四、五），路桥企业单位的工程师陈强（编写训练项目六）、程太行（编写训练项目七）。本书由刘增理担任主编，杜辉、李星（企业）担任主审。

本书在编写过程中得到学校领导和公路系老师的大力支持，在此表示感谢。由于我们的业务水平和教学经验有限，书中有不妥之处，恳切希望使用本书的教师及读者批评指正。

编　者

2014年3月

目录
CONTENTS

训练项目一　水准测量

任务一　实训动员、借领仪器

一、召开实习动员大会

（1）自我介绍。

（2）综合实训总体介绍。

①综合实训的重要性。

②实训项目及实训安排。

③综合实训需要自己准备的物品。

④强调实训纪律及要求。

⑤强调实训的安全。

⑥强调实训的工作任务。

（3）分组：每 6 人为一组，每组领取一套仪器工具，保证每人都有充足的实训时间，都能对计划所列项目中所有仪器工具进行熟练操作。

二、带领学生借领仪器工具

带领学生借领仪器工具，填写“公路系测量仪器借领情况记录表”；检查仪器是否完好，精度是否符合要求。

三、在实训场地熟悉仪器，对仪器进行基本检验

例如，水准仪的检验项目如下：

（1）圆水准器的检验与校正。

（2）十字丝横丝的检验。

（3）管水准器的检验与校正。

四、示范讲解

示范讲解 DS_3 型微倾式水准仪和自动安平水准仪的操作与各螺旋的作用，讲解完后分组进行水准仪操作练习。

任务二　水准仪的基本操作和读数练习

一、操作方法与步骤

1. 安置水准仪

安置三脚架，调节架脚使高度适中（基本与肩齐平），使架头大致水平，检查脚架伸缩螺旋是否拧紧。然后用连接螺旋将水准仪安置在三脚架头上，安装时，应用手扶住仪器，以防仪器从架头滑落。

2. 粗平

粗平是用仪器脚螺旋将圆水准器气泡调节居中，使仪器竖轴大致铅直，视准轴粗略水平。具体做法是：先将脚架的两架脚踏实，操纵另一架脚左右、前后缓缓移动，使圆水准器气泡基本居中（气泡偏离零点不要太远），再将此架脚踏实，然后调节脚螺旋使气泡完全居中。调节脚螺旋的方法是对向旋转任意一对脚螺旋，使气泡移动至此对脚螺旋连线的中垂线上，再旋转第三个脚螺旋。注意：气泡移动的方向与左手（右手）大拇指转动方向一致（相反），如图 1-1 所示。

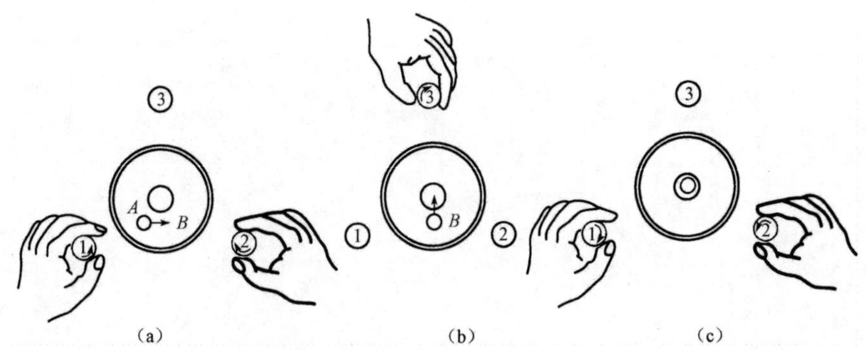

图 1-1　粗略整平

3. 瞄准

先转动目镜调焦螺旋，使十字丝成像清晰。再松开制动螺旋，转动望远镜，用望远镜筒上部的准星和照门大致对准水准尺后，拧紧制动螺旋。然后从望远镜内观察目标，调节物镜调焦螺旋，使水准尺成像清晰。最后用微动螺旋转动望远镜，使十字丝竖丝对准水准尺的中间稍偏一点，以便读数。

在物镜调焦后，眼睛在目镜前上下少量移动，有时出现十字丝与目标有相对运动，这种现象称为视差。产生视差的原因是目标通过物镜所成的像没有与十字丝平面重合。视差的存在将影响观测结果的准确性，应予消除。消除视差的方法是仔细地反复进行目镜和物镜调焦。

4. 精平

精确整平是调节微倾螺旋，使目镜左边观察窗内的符合水准器的气泡两个半边影像完全吻合，这时视准轴处于精确水平位置。

5. 读数

符合水准器气泡居中后，即可读取十字丝中丝截在水准尺上的读数。先估读出毫米数，再读出米、分米和厘米数。

二、要求

从安置仪器开始，在十分钟之内测出两点间的高差，仪器入箱，完成水准仪基本操作全过程。

任务三　闭合水准路线测量

闭合水准路线测量方法与步骤如下：

(1) 每人施测一条闭合水准路线。人员分工是：一人扶尺，一人记录，一人观测。

(2) 在每一站上，首先应整平仪器，而后照准后视尺，对光、调焦、消除视差。读数前必须将管水准器的符合气泡严格符合。读数时要读取中丝刻划数，并将读数记入记录表中。读完后视读数，紧接着照准前视尺，用同样的方法读取前视读数。至此完成了一测站的观测任务。

(3) 用 (2) 叙述的方法依次完成本闭合线路的水准测量。

(4) 水准测量记录要特别细心，当记录者听到观测者所报读数后，要回报观测者，经许可后方可记入记录表中。观测者应注意复核记录者的复诵数字。

(5) 观测结束后，立即算出闭合差 $fh_{测}=\sum h_{测}$。如果 $fh_{测}\leqslant fh_{容}=\pm 40\sqrt{L}$ (mm)（L 为测段长度 km），或 $fh_{测}\leqslant fh_{容}=\pm 12\sqrt{n}$ (mm)（n 为测站数），说明观测成果合格，即可算出各点高程（假定起点高程为 200.000 m）。否则，要进行重测。

任务四　往返水准测量

往返水准测量方法与步骤如下：

(1) 每人完成往返水准测量两次。人员分工是：一人扶尺，一人记录，一人观测。

(2) 由已知水准点 A 出发，在每一站上，首先应整平仪器，而后照准后视尺，对光、调焦、消除视差。读数前必须将管水准器的符合气泡严格符合。读数时要读取中丝刻划数，并将读数记入记录表中。读完后视读数，紧接着照准前视尺，用同样的方法读取前视读数。至此完成了一测站的观测任务。

(3) 仪器迁站，前视尺不能动，进行第二测站的测量，此时，第一测站的前视尺就变成了第二测站的后视尺，记录读数，水准尺到第二个转点，记录前视读数，以此方法一直测到未知水准点 B。

(4) 用 (2)、(3) 叙述的方法再由 B 点依次测到 A 点完成往返水准测量。

(5) 水准测量记录要特别细心，当记录者听到观测者所报读数后，要回报观测者，经许可后方可记入记录表中。观测者应注意复核记录者的复诵数字。

(6) 观测结束后，立即算出闭合差 $fh_{测} = \left|\sum h_{往}\right| - \left|\sum h_{返}\right|$。如果 $fh_{测} \leqslant fh_{容} = \pm 40\sqrt{L}$ (mm) (L 为测段长度 km) 或 $fh_{测} \leqslant fh_{容} = \pm 12\sqrt{n}$ (mm) (n 为测站数)，则说明观测成果合格，可以进行下一步计算：$h_{平} = \pm \dfrac{\left|\sum h_{往}\right| + \left|\sum h_{返}\right|}{2}$ (m)（以往测高差符号为准）。计算出未知点高程：$H_B = H_A + h_{平}$（假定已知点 H_A 高程为 120.500 m）。否则，要进行重测。

注：完成表 1-1 的填写。

表 1-1　往返水准测量记录表

观测：　　　　　日期：　　　　　班级：　　　　　记录：　　　　　天气：　　　　　组别：

测点	水准尺读数/m		高差 h/m		高程/m	备　注
	后视 a	前视 b	+	−		
		—	—	—		
	—		—	—		
$\sum h_{往}$					—	
		—	—	—		
	—		—	—		
$\sum h_{返}$					—	
计算 校核						

任务五　水准仪的检验与校正

水准仪有以下主要轴线：视准轴、水准管轴、仪器竖轴和圆水准器轴，以及十字丝横丝。为保证水准仪能提供一条水平视线，各轴线间应满足的几何条件是：①圆水准器轴平行仪器竖轴；②十字丝横丝垂直仪器竖轴；③水准管轴平行视准轴。进行水准测量作业前，应对水准仪进行检验，如不满足要求，应对仪器加以校正。

1. 圆水准器轴平行仪器竖轴的检验校正

（1）检验。

安置仪器后，用脚螺旋调节圆水准器气泡居中，然后将望远镜转中，表示此项条件满足要求；若气泡不再居中，则应进行校正。

检验原理如图 1-2 所示。当圆水准器气泡居中时，圆水准器轴处于铅垂位置，若圆水准器轴与竖轴不平行，则使竖轴与铅垂线之间出现倾角 δ［图 1-2（a)］。当望远镜绕倾斜的竖轴旋转 180°后，仪器的竖轴位置并没有改变，而圆水准器轴却转到了竖轴的另一侧。这时，圆水准器轴与铅垂线夹角为 2δ，则圆气泡偏离零点，其偏离零点的弧长所对的圆心角为 2δ［图 1-2（b)］。

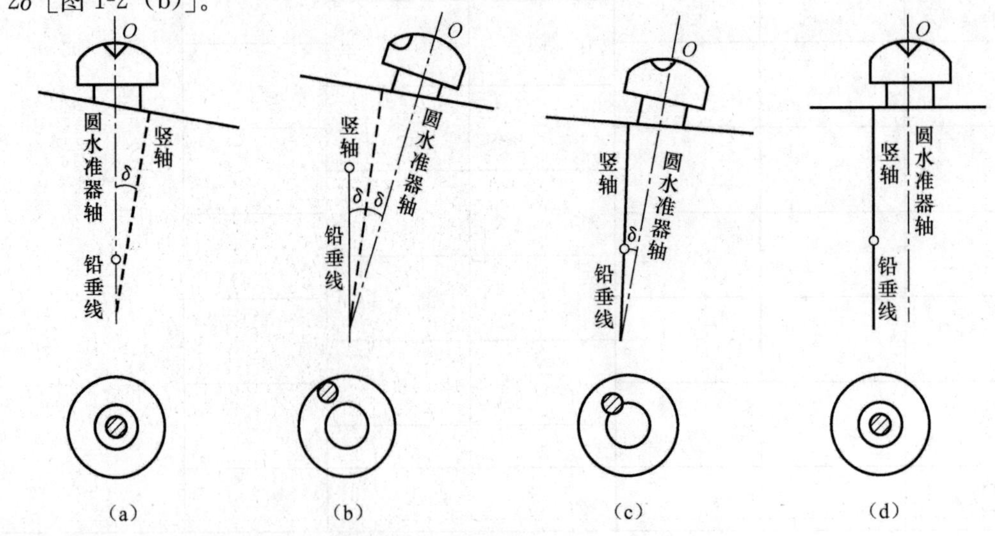

图 1-2　圆水准器的校正原理

(2) 校正。

根据上述检验原理，校正时，用脚螺旋使气泡向零点方向移动偏离长度的一半，这时竖轴处于铅垂位置［图 1-2（c）］。然后再用校正针调整圆水准器下面的三个校正螺钉，使气泡居中。这时，圆水准器轴便平行于仪器竖轴［图 1-2（d）］。

2. 十字丝横丝垂直仪器竖轴的检验与校正

(1) 检验。

水准仪整平后，先用十字丝横丝的一端对准一个点状目标，如图 1-3（a）中的 M 点，拧紧制动螺旋，然后用微动螺旋缓缓地转动望远镜。若 M 点始终在横丝上移动［图 1-3（b)］，说明此条件满足；若 M 点移动的轨迹离开了横丝［图 1-3（c)、图 1-3（d)］，则条件不满足，需要校正。

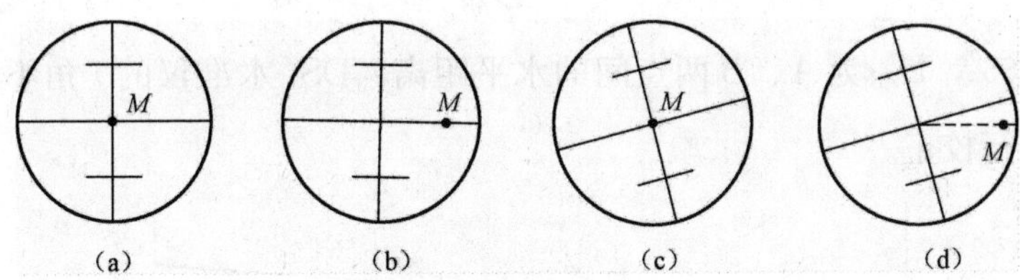

图 1-3　十字丝横丝检验

(2) 校正。

校正时，用螺丝刀放松三个固定螺钉，然后转动目镜筒，使横丝水平。最后将三个固定螺钉拧紧，如图 1-4 所示。

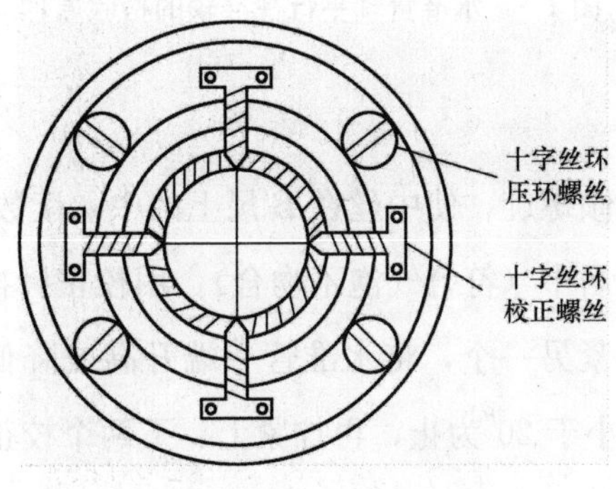

图 1-4　十字丝校正装置

3. 水准管轴平行视准轴的检验与校正

(1) 检验。

如图 1-5 所示，在高差不大的地面上选择相距 80 m 左右的 A、B 两点，打入木桩或安放尺垫。将水准仪安置在 A、B 两点的中点Ⅰ处，用变仪器高法（或双面尺法）测出 A、B 两点高差，两次高度之差小于 3 mm 时，取其平均值 h_{AB} 作为最后结果。

由于仪器距 A、B 两点等距离，从图 1-5 可看出，不论水准管轴是否平行视准轴，在Ⅰ处测出的高差 h_1 都是正确的高差。然后将仪器搬至距 A 点 2～3 m 的Ⅱ处，精平后，分别读取 A 尺和 B 尺的中丝读数 a' 和 b'。因仪器距 A 很近，水准管轴不平行视准轴引起的读数误差可忽略不计，则可计算出仪器在Ⅱ处时，B 点尺上水平视线的正确读数为：

$$b_0'=a'+h_{AB}$$

实际测出的 b' 与计算得到的 b_0' 应相等，则表明水准管轴平行视准轴；否则，两轴不平行，其夹角为：

$$i=\frac{(b'-b_0')\rho}{D_{AB}}$$

式中，ρ 为 206265″，D_{AB} 为 A、B 两点间的水平距离。DS_3 水准仪的 i 角不得大于 20″，否则应对水准仪进行校正。

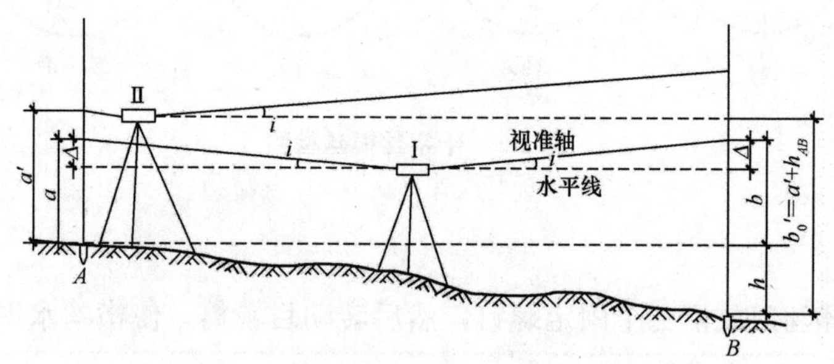

图 1-5　水准管轴平行视准轴的检验原理

（2）校正。

仪器仍在Ⅱ处，调节微倾螺旋，使中丝在 B 尺上的中丝读数移到 b_0'，这时视准轴处于水平位置，但水准管气泡不居中（符合气泡不吻合）。用校正针拨动水准管一端的上、下两个校正螺钉，先松一个，再紧另一个，将水准管一端升高或降低，使符合气泡吻合。此项校正要反复进行，直到 i 角小于 20″为止，再拧紧上、下两个校正螺钉。

训练项目二　角度测量

任务一　DJ_6 级光学经纬仪的基本操作

DJ_6 级光学经纬仪的基本操作方法与步骤如下。

一、对中

对中的目的是使仪器的中心与测站点位于同一铅垂线上。

(1) 打开三脚架，调节脚架高度稍低于肩，打开后三脚架后架头大致水平，且三脚架中心大致对准地面标志中心。

(2) 将仪器放在脚架上，并拧紧连接仪器和三脚架的中心连接螺旋，双手分别握住另两条架腿稍离地面前后左右摆动，眼睛看对中器的望远镜，直至分划圈中心对准地面标志中心为止，放下两架腿并踏紧。

(3) 升降脚架腿使气泡基本居中，然后用脚螺旋精确整平。

(4) 检查地面标志是否位于对中器分划圈中心，若不居中，可稍旋松连接螺旋，在架头上移动仪器，使其精确对中。

二、整平

整平是利用其座上三个脚螺旋使照准部水准管气泡居中，从而使竖轴竖直和水平度盘水平。

整平时，先转动照准部，使照准部水准管与任一对脚螺旋的连线平行，两手同时向内或外转动这两个脚螺旋，使水准管气泡居中。将照准部旋转 90°，转动第三个脚螺旋，使水准管气泡居中，按以上步骤反复进行，直到照准部转至任意位置气泡都居中为止，如图 2-1 所示。

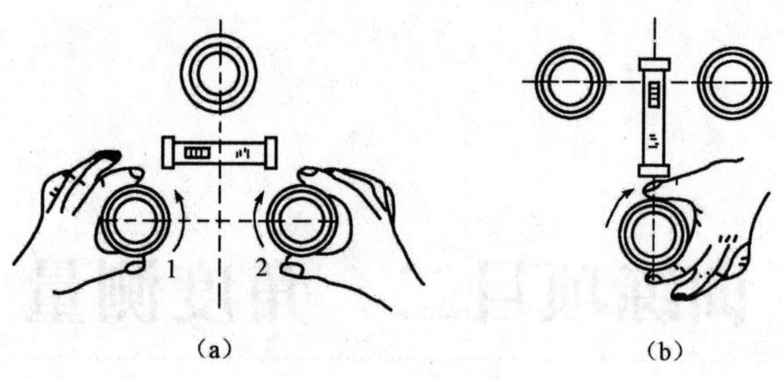

图 2-1　经纬仪整平

三、瞄准

在测水平角时，瞄准是指用十字丝的纵丝精确地瞄准目标，具体操作步骤如下：

（1）调节目镜调焦螺旋，使十字丝清晰。

（2）松开望远镜制动螺旋和照准部制动螺旋，先利用望远镜上的准星瞄准目标，使在望远镜内能看到目标物像，然后旋紧上述两个制动螺旋。

（3）转动物镜调焦使物像清晰，注意消除视差。

（4）旋转望远镜和照准部制动螺旋，使十字丝的纵丝精确地瞄准目标底部中心位置，如图 2-2 所示。

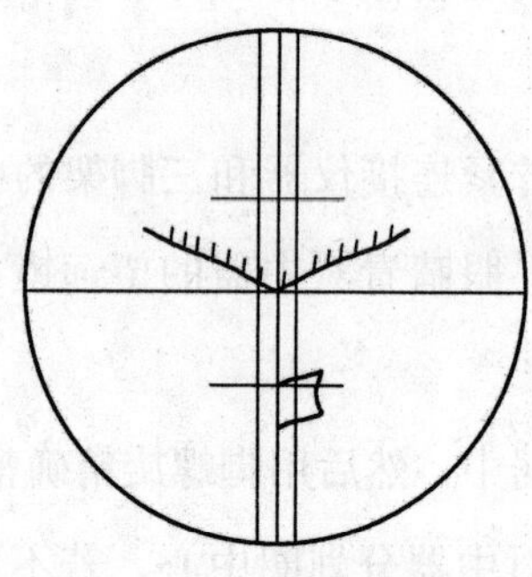

图 2-2　瞄准目标

四、读数

照准目标后，打开反光镜，并调整其位置，使读数窗内进光明亮均匀。然后进行读数显微镜调焦，使读数窗内分划清晰，并消除视差。最后读取度盘读数并记录。

任务二　水平角测量（测回法）

一、操作方法与步骤

测回法用于观测两个方向之间的单角。如图 2-3 所示，观测程序如下：

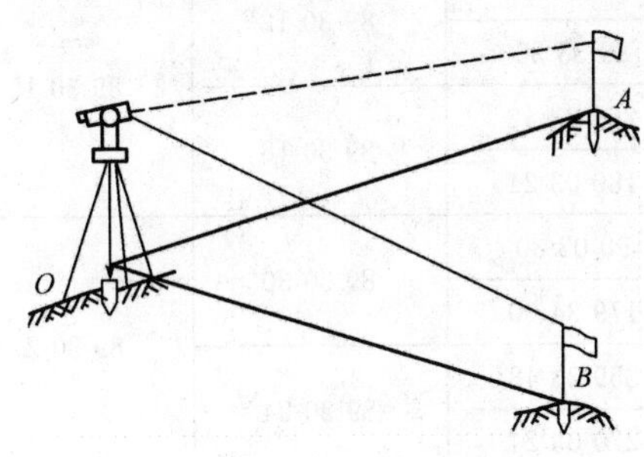

图 2-3　测回法观测

（1）在 O 点安置经纬仪，对中、整平后盘左位置精确瞄准左目标 A，调整水平度盘为零度稍大，读数 $A_{左}$。

（2）松开水平制动螺旋，顺时针转动照准部，瞄准右方 B 目标，读取水平度盘读数 $B_{左}$。以上称上半测回，角值为：

$$\beta_{左}=B_{左}-A_{左}$$

（3）松开水平及竖直制动螺旋，盘右瞄准右方 B 目标，读取水平度盘读数 $B_{右}$，再瞄准左方目标 A，读取水平度盘读数 $A_{右}$。以上称下半测回，角值为：

$$\beta_{右}=B_{右}-A_{右}$$

（4）上、下半测回合称一测回。

$$\beta=\frac{1}{2}（\beta_{左}+\beta_{右}）$$

二、注意

（1）上、下半测回的角值之差不大于 $\pm40''$ 时，才能取其平均值作为一测回观测成果。

（2）水平度盘是按顺时针方向注记的，因此，半测回角值必须是右目标读数减去左目标读数，当不够减时则将右目标读数加上 360°。

（3）当测角精度要求较高时，往往要测几个测回，为了减少度盘分划误差的影响，各测回间应根据测回数 n 按 $\frac{180^\circ}{n}$ 变换水平度盘位置。

测回法测角记录计算格式如表 2-1 所示。

表 2-1 水平角观测表（测回法）

测站	测回	竖盘位置	目标	水平度盘读数 /（° ′ ″）	半测回角值 /（° ′ ″）	一测回角值 /（° ′ ″）	各测回平均角值 /（° ′ ″）	备注
0	1	左	A	0 03 18	89 30 12	89 30 15	89 30 21	
			B	89 33 30				
		右	B	269 33 42	89 30 18			
			A	180 03 24				
0	2	左	A	90 03 30	89 30 30	89 30 27		
			B	179 34 00				
		右	B	359 33 48	89 30 24			
			A	270 03 24				

三、要求

（1）掌握测回法观测水平角的方法，每人完成测回法测量水平角合格数据 3 组。

（2）完成计算并学会数据的处理。

任务三　水平角测量（方向观测法）

一、测量方法与步骤

（1）由指导老师讲解方向观测法的施测过程及施测要领。

（2）每组选一坚固点作为站点，并选三个或三个以上目标进行方向观测，如图 2-4 所示。

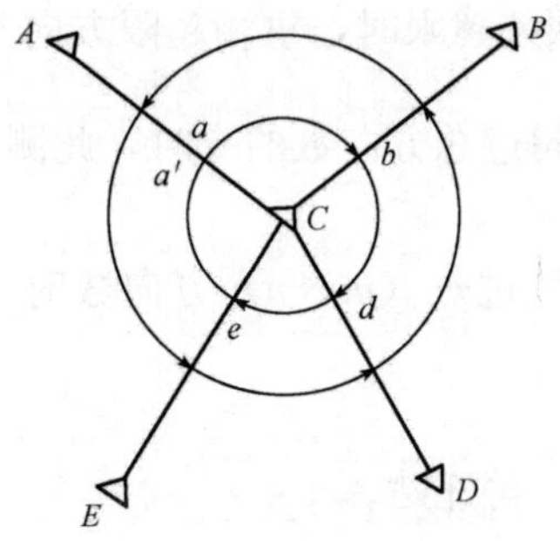

图 2-4　水平角测量

（3）在 C 点上安置经纬仪观测 A、B、D、E 四个目标，其操作步骤如下：

①安置经纬仪于 C 点，选择好零方向（起始方向），在盘左位置用水平度盘变换手轮配制水平度盘读数在 00°02′附近，首先照准一起始方向 A（CA 方向即为零方向或起始方向），读取水平度盘读数 a 记入记录表中，再按顺时针方向依次照准 B、D、E 各方向分别读取水平度盘读数，并相继记入记录表中。

②为了检查观测过程中度盘是否被带动，在读取 E 点读数后，继续顺时针再次照准 A 方向，读取水平度盘读数为 a'，称为“归零”。a 与 a' 之差就是“归零差”。以上操作称为上半测回观测。其“归零差”称为上半测回“归零差”。

③倒转望远镜成盘右位置，先照准零方向 A，读取水平度盘读数，并记入记录表中，再逆时针依次照准 E、D、B、A 各点，分别读取其水平度盘读数，相继记入记录表中，这就是下半测回观测。其“归零差”为下半测回“归零差”。至此完成一个测回的观测。同法可完成第 2、第 3、…、第 N 测回的观测。

（4）为了消除度盘刻划不均匀造成的误差影响，在进行第 N 测回观测时，起始方向的度盘位置应作适当变换。通常把第一测回起始方向的度盘位置放在 00°02′，其他测回按 $\frac{180°}{n}+\frac{60'}{n}$ 的倍数来变动，其中 n 是测回数。

（5）关于限差和重测的规定：

方向观测法测站作业限差参看教材相关章节，对于重测规定如下：

①当上半测回观测完毕后，应计算上半测回归零差，看其是否超限，若超限要马上重测。

②下半测回归零差超限，要重测整个测回。

③上、下半测回归零差都未超限时，记录员算出各方向的 $2C$ 值和归零方向值，并求出 $2C$ 互差和测回差。

④当零方向的 $2C$ 互差超限时，应重测整个测回。

⑤其他方向的 $2C$ 互差和测回差超限时，重测超限方向并联测零方向。

⑥如果一测回中重测方向数超过总方向数的 $\frac{1}{3}$ 时，此测回重测。

⑦如果一测站的重测方向数超过 $\frac{1}{3}$（$m\times n$）方向数时，整个测站应重测（m——测回方向数，n——测回数）。

（6）当该站观测全部合格时，再迁站。

二、注意事项

（1）记录员要和观测者密切配合，并弄清记录表格格式及填写次序和填写方法。

（2）所有观测资料要保持其原始性。严禁为了不超限任意涂改数据。

（3）各项限差规定按控制网的等级与仪器型号来确定。

（4）在观测过程中要严格按其观测程序施测，不能随便进行。

（5）在测回中不得重新整平仪器，如有气泡偏离可在测回间再整平仪器。

（6）零方向要选择清晰、明显、背景突出，便于照准和避开有旁折光源的目标。减少归零差超限的可能性。

（7）各目标到站点的距离不要相差太大，避免在测回中进行多次调焦。

（8）重测应在测站观测完毕后，统筹进行。

三、要求

（1）掌握方向观测法测水平角的方法，每个组完成方向观测法测水平角合格数据 1 组。

（2）完成计算并学会数据的处理。

任务四　竖直角测量（仰角和俯角）

一、测量方法与步骤

（1）在某指定点上安置经纬仪。

（2）以盘左位置使望远镜视线大致水平。看竖盘指标所指读数是90°或270°，以确定盘左时的竖盘始读数，记作$L_{始}$。同样，盘右位置看盘右时的竖盘始读数，记作$R_{始}$（一般情况下，$R_{始}=L_{始}\pm180°$）。

（3）以盘左位置将望远镜物镜端抬高，当视准轴逐渐向上倾斜时，观察竖盘注记是增加还是减少，以确定竖直角和指标差的计算公式。

①当望远镜物镜抬高时，如竖盘读数逐渐减少，则竖直角计算公式为：$\alpha_{左}=L_{始}-L_{读}$；$\alpha_{右}=R_{读}-R_{始}$（若$L_{始}=90°$，则$\alpha_{左}=90°-L_{读}$，若$R_{始}=270°$，则$\alpha_{右}=R_{读}-270°$）。竖直角$\alpha=\frac{1}{2}(\alpha_{左}+\alpha_{右})$，竖盘指标差$X=-\frac{1}{2}(\alpha_{左}-\alpha_{右})$。

②当望远镜物镜抬高时，如竖盘读数逐渐增大，则竖直角计算公式为：$\alpha_{左}=L_{读}-L_{始}$；$\alpha_{右}=R_{始}-R_{读}$（若$L_{始}=90°$，则$\alpha_{左}=L_{读}-90°$，若$R_{始}=270°$，则$\alpha_{右}=270°-R_{读}$）。竖直角$\alpha=\frac{1}{2}(\alpha_{左}+\alpha_{右})$，竖盘指标差$X=\frac{1}{2}(\alpha_{左}-\alpha_{右})$。

③必须注意，X值有正有负。盘左位置观测时用$\alpha=\alpha_{左}+X$来计算就能获得正确的竖直角α；而盘右位置观测时用$\alpha=\alpha_{右}-X$计算才能获得正确的竖直角α。

④用上述公式算出的竖直角α的符号为“+”时，α为仰角，其符号为“-”时，α为俯角。

（4）用测回法测定竖直角，其观测程序如下：

①安置好经纬仪后，盘左位置照准目标，读取竖直度盘的读数$L_{读}$。记录者将读数值$L_{读}$记入竖直角测量记录表中。

②根据以上所确定的竖直角计算公式，在记录表中计算出盘左时的竖直角$\alpha_{左}$。

③再用盘右位置照准目标，并读取其竖直度盘读数$R_{读}$。记录者将读数值$R_{读}$记入竖直角测量记录表中。

④根据所定竖角计算公式，在记录表中计算出盘右时的竖直角 $\alpha_{右}$。

⑤计算一测回竖直角值和指标差。

二、注意事项

(1) 直接读取的竖盘读数并非竖直角，竖直角通过计算才能获得。

(2) 竖盘因其刻划注记和始读数的不同，计算竖直角的方法也就不同，要通过检测来确定正确的竖直角和指标差计算公式。

(3) 盘左盘右照准目标时，要用十字丝横丝卡在目标的同一位置。

(4) 在竖盘读数前，务必要使竖盘指标水准管气泡居中（打开补偿器）。

三、要求

(1) 掌握竖直角的测量方法，每人完成竖直角（仰角和俯角）测量合格数据各 3 组，满足指标差要求。

(2) 完成计算并学会数据的处理。

(3) 安置仪器高度合理，连接牢靠。

(4) 瞄准时横丝与目标相切。

(5) 读数要准，记录勿涂改，计算方法正确。

任务五　视距测量（视线水平和倾斜）

一、视距测量的计算公式

（一）望远镜视线水平时测量平距和高差的计算公式

如图 2-5 所示，测地面 M、N 两点的水平距离和高差，在 M 点安置仪器，在 N 点竖立视距尺，当望远镜视线水平时，水平视线与标尺垂直，中丝读数为 v，上下视距丝在视距尺上 A、B 的位置读数之差称为视距间隔，用 L 表示。

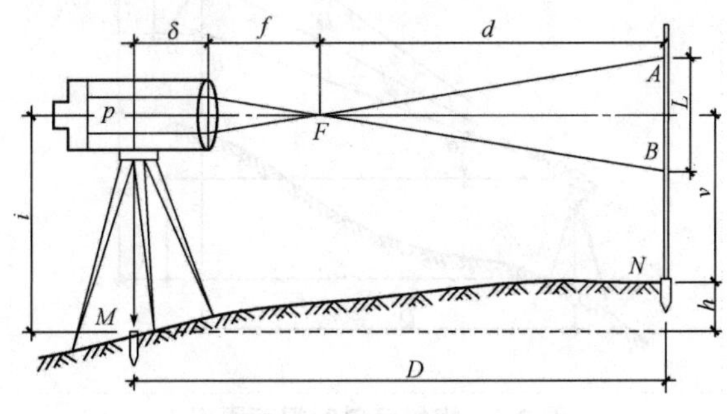

图 2-5　视线水平时视距

1. 水平距离计算公式

设仪器中心到物镜中心的距离为 δ，物镜焦距为 f，物镜焦点 F 到点 N 的距离为 d，由图 2-5 可知 M、N 两点间的水平距离为 $D=d+f+\delta$，根据图中相似三角形成比例的关系得两点间水平距离为：

$$D=\frac{f}{p}\times L+f+\delta$$

式中：$\frac{f}{p}$——视距乘常数，用 K 表示，其值在设计中为 100；$f+\delta$ 为视距加常数，仪器设计为 0。

则视线水平时水平距离公式：

$$D=KL$$

式中：K——视距乘常数，其值等于 100。

L——视距间隔。

2. 高差的计算公式

M、N 两点间的高差由仪器高 i 和中丝读数 v 求得，即：

$$h=i-v$$

式中：i—仪器高，地面点至仪器横轴中心的高度。

（二）望远镜视线倾斜时测量平距和高差的公式

在地面起伏比较大的地区进行视距测量时，需要望远镜倾斜才能照准视距标尺读取读数，此时视准轴不垂直于视距标尺，不能用视线水平公式计算距离和高差。如图 2-6 所示，下面介绍视准轴倾斜时求水平距离和高差的计算公式。

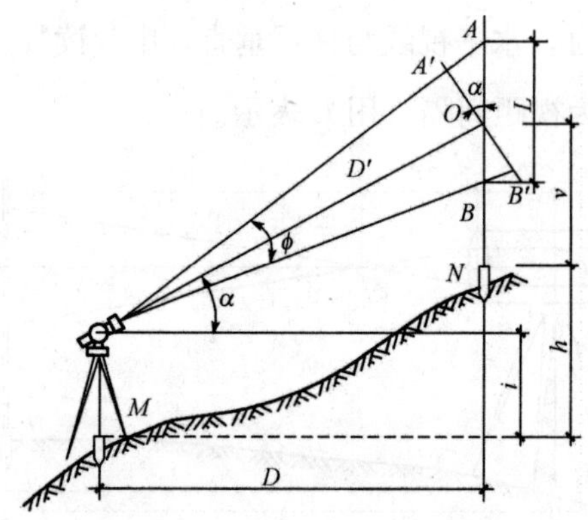

图 2-6 视线倾斜时视距原理

视线倾斜时竖直角为 α，上下视距丝在视距标尺上所截的位置为 A、B，视距间隔为 L，求算 M、N 两点间的水平距离 D。首先将视距间隔 L 换算成相当于视线垂直时的视距间隔 $A'B'$之距离，按式 $D'=K\cdot A'B'$求出倾斜视线的距离 D'，其次利用倾斜视线的距离 D'和竖直角 α 计算出水平距离 D。因上下丝的夹角 ϕ 很小，则认为$\angle AA'O$ 和$\angle BB'O$ 为 90°，设将视距尺旋转 α 角，根据三角函数得视线倾斜时水平距离计算公式为：

$$D=KL\cos^2\alpha$$

两点高差计算公式为：

$$h=\frac{1}{2}KL\sin2\alpha+i-v$$

式中：L——上、下视距丝在标尺上的读数之差；

i——仪器高度；

v——十字丝的中丝在标尺上的读数；

K——视距乘常数（$K=100$）；

α——视线倾斜时的竖直角。

为了计算简便，在实际工作中，通常使中横丝照准标尺上与仪器同一高处，使 $i=v$，则上述计算高差的公式简化为：

$$h=\frac{1}{2}KL\sin 2\alpha$$

现在视距测量的计算工具主要是电子计算器，最好使用程序型的计算器，事先将视距计算公式和高差计算公式输入到计算器中，使用快捷方便，不容易出现计算错误。

二、视距测量观测方法

（1）如图 2-6 所示，将经纬仪安置于 M 点，量取仪器高度 i（仪器横轴中心至地面点的距离），在 N 点竖立视距尺。

（2）望远镜照准 N 点视距尺，使中丝读数为仪器高，分别读取上、下丝读数。

（3）转动竖盘水准管定平螺旋，使气泡居中（或打开竖盘自动归零装置）。读取竖盘读数。

（4）根据视距间隔、竖直角，按以上公式计算水平距离和高差。

三、要求

（1）掌握视距测量的方法，每人完成视距测量（视线水平和倾斜）合格数据各 3 组。

（2）完成计算并学会数据的处理。

任务六　经纬仪的检验与校正

一、检校方法与步骤

（一）指导教师讲解各项检校的过程及操作要领

指导教师讲解各项检校的过程及操作要领略。

（二）照准部水准管轴垂直于竖轴的检验和校正

1. 检验方法

（1）先将经纬仪严格整平。

（2）转动照准部，使水准管与三个脚螺旋中的任意一对平行，转动脚螺旋使气泡严格居中。

（3）再将照准部旋转 180°，使水准管平行于这一对脚螺旋，此时，如果气泡仍居中，说明该条件能够满足。若气泡偏离中央零点位置，则需进行校正。

2. 校正方法

先旋转这一对脚螺旋，使气泡向中央零点位置移动偏离格数的一半，然后用校正针拨动水准管一端的校正螺丝，使气泡居中。如此反复进行数次，直到气泡居中后，再转动照准部，使其转动 180°时，气泡的偏离在半格以内，可不再校正。

（三）十字丝竖丝的检验和校正

1. 检验方法

整平仪器后，用十字丝竖丝的最上端照准一明显固定点，固定照准部制动螺旋和望远镜制动螺旋，然后转动望远镜微动螺旋，使望远镜上下微动，如果该固定点目标不离开竖丝，说明此条件满足，否则需要校正。

2. 校正方法

（1）旋下望远镜目镜端的十字丝环护罩，用螺丝刀松开十字丝环的每个固定螺丝。

（2）轻轻转动十字丝环，使竖丝处于竖直位置。

（3）调整完毕后务必拧紧十字丝环的四个固定螺丝，上好十字丝环护罩。

此项检验、校正也可以采用与水准仪横丝检校的同样方法，或采用悬挂垂球使竖丝与垂球线重合的方法进行。

（四）视准轴的检验和校正

1. 盘左盘右读数法

（1）检验方法。

①选择与视准轴大致处于同一水平线上的一点作为照准目标，安置好仪器后，盘左位置照准此目标并读取水平度盘读数，记作 $a_{左}$。

②再以盘右位置照准此目标，读取水平度盘读数，记作 $a_{右}$。

③如 $a_{左}=a_{右}\pm180°$，则此项条件满足。如果 $a_{左}\neq a_{右}\pm180°$，则说明视准轴与仪器横轴不垂直，存在视准差 C，应进行校正。

$$C=\frac{1}{2}\left[a_{左}-(a_{右}\pm180°)\right]$$

或

$$2C=a_{左}-(a_{右}\pm180°)$$

（2）校正方法。

①仪器仍处于盘右位置不动，以盘右位置读数为准，计算两次读数的平均值 a 作为正确读数，即：

$$a=\frac{1}{2}\left[a_{左}-(a_{右}\pm180°)\right]$$

或用 $a=a_{左}-C$；$a=a_{右}+C$ 计算 a 的正确读数。

②转动照准部微动螺旋，使水平度盘指标指在正确读数 a 上，这时，十字丝交点偏离了原目标。

③旋下望远镜目镜端的十字丝护罩，松开十字丝环上、下校正螺丝，拨动十字丝环左右两个校正螺丝［先松左（右）边的校正螺丝，再紧右（左）边的校正螺丝］，使十字丝交点回到原目标，即使视准轴与仪器横轴相垂直。

④调整完毕务必拧紧十字丝环上、下两校正螺丝，上好望远镜目镜护罩。

2. 横尺法（即四分之一法）

（1）检验方法。

①选一平坦场地安置经纬仪，后视点 A 和前视点 B 与经纬仪站点 O 的距离分别为 40 m，如图 2-7 所示。在前视 B 点上横放一刻有毫米分划的小尺。使小尺垂直视线 OB 并尽量与仪器同高。

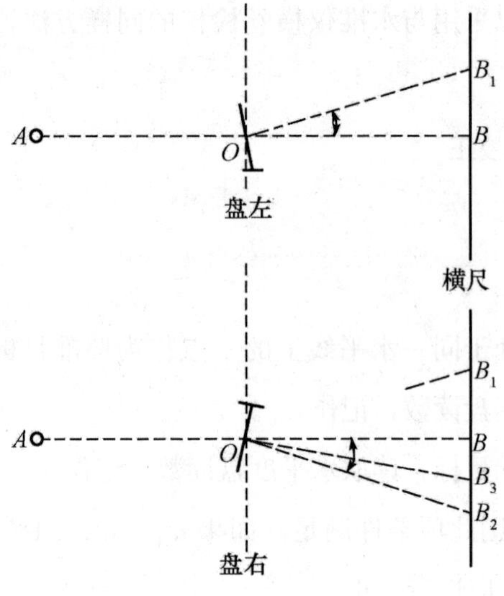

图 2-7　横尺法检验

②盘左位置照准后视点 A，倒转望远镜在前视点 B 尺上读数，得 B_1。

③盘右位置照准后视点 A，倒转望远镜在前视点 B 尺上读数，得 B_2。

④若 B_1 和 B_2 两点重合，说明视准轴与横轴垂直。否则先计算 C 值，$C''=\frac{B_1B_2}{4 \cdot S} \cdot \rho''$，$\rho''=206265''$，若 $C''>15''$，应进行校正。

（2）校正方法。

①求得 B_1 和 B_2 之间距离后，计算 B_2B_3。即 $B_2B_3=\frac{1}{4}\overline{B_1B_2}$。

②用拨针拨动十字丝环左右两个校正螺丝，先松左（右）边的校正螺丝，再紧右（左）边的校正螺丝。直到十字丝交点与 B_3 点重合为止。

③调整完毕务必拧紧十字丝环上、下两校正螺丝，上好望远镜目镜护罩。

（五）横轴的检验和校正

1. 检验方法

（1）将仪器安置在一个清晰的高目标附近（望远镜仰角为 30°左右），视准面与墙面大约垂直，如图 2-8 所示。盘左位置照准高目标点 M，拧紧水平制动螺旋后，将望远镜放到水平位置，在墙上（或横放的尺上）标出 m_1 点。

（2）盘右位置仍照准高目标点 M，放平望远镜在墙上（或横放的尺子上）标出 m_2 点。若 m_1 与 m_2 两点重合，说明望远镜横轴垂直仪器竖轴。否则需校正。

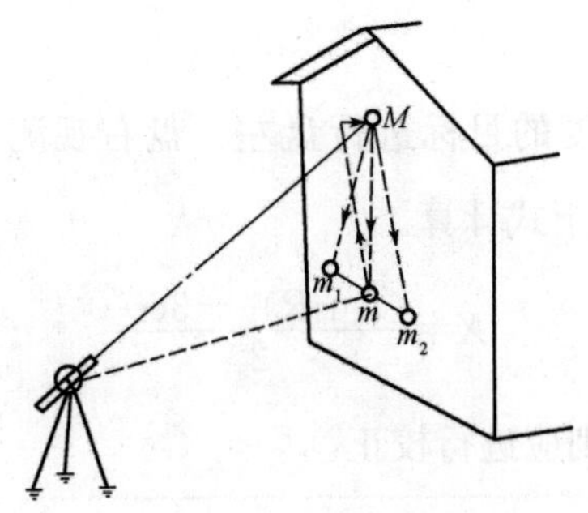

图 2-8　横轴的检验

2. 校正方法

(1) 由于盘左和盘右两个位置的投影向不同方向倾斜，而且倾斜的角度是相等的，取 m_1 与 m_2 的中点 m，即是高目标点 M 的正确投影位置。得到 m 点后，用微动螺旋使望远镜照准 m 点，再仰起望远镜看高目标点 M，此时十字丝交点将偏离 M 点。

(2) 用校正拨针拨动横轴校正螺丝，调整一侧高度，使十字丝重新对准 M，此时横轴即垂直于竖轴。

(六) 竖盘指标水准管的检验和校正

1. 检验方法

(1) 安置好仪器后，盘左位置照准某一高处目标（仰角大于 30°）用竖盘指标水准管微动螺旋使水准管气泡居中，读取竖直度盘读数，并求出其竖直角 $\alpha_{左}$。

(2) 再以盘右位置照准此目标，用同样方法求出其竖直角 $\alpha_{右}$。

(3) 若 $\alpha_{左} \neq \alpha_{右}$，说明有指标差，应进行校正。

2. 校正方法

(1) 计算出正确的竖直角 α。

$$\alpha = \frac{1}{2}(\alpha_{左} + \alpha_{右})$$

(2) 仪器仍处于盘右位置不动，不改变望远镜所照准的目标。再根据正确的竖直角 α 和竖直度盘刻划特点求出盘右时竖直度盘的正确读数值，并用竖盘指标水准管微动螺旋使竖直度盘指标对准该正确读数值。这时，竖盘指标水准管气泡不再居中。

(3) 用拨针拨动竖盘指标水准管上、下校正螺丝，使气泡居中，即消除了指标差，达到了检校的目的。

对于有竖盘指标自动归零补偿装置的经纬仪，其指标差的检验和校正方法如下：

①检验方法。

经纬仪整平后，对同一高度的目标进行盘左、盘右观测，若盘左位置读数为 L，盘右位置读数为 R，则指标差 X 按下式计算。

$$X=\frac{(L+R)\ -360°}{2}$$

若 X 的绝对值大于 $60''$，则应进行校正。

②校正方法。

卸下竖盘立面仪器外壳上的指标差盖板，可见到两个带孔螺钉，松开其中一个螺钉，拧紧另一个螺钉能使垂直光路中一块平板玻璃产生转动而达到校正的目的，仪器校正完毕后应检查校正螺钉是否紧固可靠，以防脱落。

二、注意事项

（1）经纬仪检校是一件很精细的工作，必须认真对待。

（2）发现问题及时向指导教师汇报，不得自行处理。

（3）各项检校顺序不能颠倒。在检校过程中要同时填写实训报告。

（4）检校完毕，要将各个校正螺丝拧紧，以防脱落。

（5）每项检校都需重复进行，直到符合要求。

（6）校正后应再作一次检验，看其是否符合要求。

（7）本次训练只作检验，校正应在指导教师指导下进行。

训练项目三　闭合导线测量

任务一　闭合导线测量（三角形测量）

一、导线测量的外业工作

导线测量的外业工作包括：踏勘选点及建立标志、量边、测角和连测，分述如下。

1. 踏勘选点及建立标志

选点前，应调查搜集测区已有地形图和高一级的控制点的成果资料，把控制点展绘在地形图上，然后在地形图上拟定导线的布设方案，最后到野外去踏勘，实地核对、修改、落实点位和建立标志。如果测区没有地形图资料，则需详细踏勘现场，根据已知控制点的分布、测区地形条件及测图和施工需要等具体情况，合理地选定导线点的位置。

实地选点时应注意以下几点：

（1）相邻点间通视良好，地势较平坦，便于测角和量距。

（2）点位应选在土质坚实处，便于保存标志和安置仪器。

（3）视野开阔，便于施测碎部。

（4）导线各边的长度应大致相等，除特殊情形外，应不大于 350 m，也不宜小于 50 m。

（5）导线点应有足够的密度，分布较均匀，便于控制整个测区。

导线点选定后，要在每一点位上打一大木桩，其周围浇灌一圈混凝土，桩顶钉一小钉，作为临时性标志，若导线点需要保存的时间较长，就要埋设混凝土桩或石桩，桩顶刻“十”字，作为永久性标志。导线点应统一编号。为了便于寻找，应量出导线点与附近固定而明显的地物点的距离，绘一张草图，注明尺寸，称为点之记。

2. 量边

导线边长可用光电测距仪测定，测量时要同时观测竖直角，供倾斜改正之用。若用钢尺丈量，钢尺必须经过检定。对于一、二、三级导线，应按钢尺量距的精密方法进行丈量。对于图根导线，用一般方法往返丈量或同一方向丈量两次；当尺长改正数大于1/10 000时，应加尺长改正；量距时平均尺温与检定时温度相差10 ℃时，应进行温度改正；尺面倾斜大于1.5%时，应进行倾斜改正；取其往返丈量的平均值作为成果，并要求其相对误差不大于1/3 000。

3. 测角

用测回法施测导线左角（位于导线前进方向左侧的角）或右角（位于导线前进方向右侧的角）。一般在附合导线中，测量导线左角，在闭合导线中均测内角。若闭合导线按逆时针方向编号，则其左角就是内角。图根导线，一般用 DJ_6 级光学经纬仪测一个测回。若盘左、盘右测得角值的校差不超过40″，则取其平均值。

测角时，为了便于瞄准，可在已埋设的标志上用三根竹竿吊一个大垂球，或用测钎、觇牌作为照准标志。

4. 连测

导线与高级控制点连接，必须观测连接角、连接边，作为传递坐标方位角和坐标之用。如果附近无高级控制点，则应用罗盘仪施测导线起始边的磁方位角，并假定起始点的坐标作为起算数据。

参照校本教材中角度和距离测量的记录格式，做好导线测量的外业记录，并妥善保存。

二、导线测量的内业计算

导线测量内业计算的目的就是计算各导线点的坐标。计算之前，应全面检查导线测量外业记录，数据是否齐全，有无记错、算错，成果是否符合精度要求，起算数据是否准确。然后绘制导线略图，把各项数据注于图上相应位置。

1. 内业计算中数字取值的要求

内业计算中数字的取值，对于四等以下的小三角及导线，角度值取至秒，边长及坐标取至毫米（mm）。

2. 闭合导线坐标计算步骤

（1）准备工作。

（2）角度闭合差的计算与调整。

（3）推算各边的坐标方位角。

（4）坐标增量的计算与闭合差调整。

(5) 各点坐标推算。

三、要求

本次实训主要是培养细心和耐心，以及施测和计算的条理性。

(1) 掌握三角形内角测量的方法，强调实训安全。

(2) 单角一测回误差在±30″以内，角度闭合差 $f_{\beta测}$ 在±69″以内。

(3) 测角和量边必须满足要求。使用罗盘仪测起始边的方位角。量边时每条边相对误差 $K \leqslant \frac{1}{2\ 000}$。

任务二　闭合导线测量（四边形测量）

一、测量方法与步骤

测量方法与步骤与任务一相同。

（1）闭合导线测量的外业工作（选点、测角、量边）。

（2）闭合导线测量的内业计算工作。

二、要求

（1）掌握四边形内角测量的方法。

（2）单角上、下半测回的角值之差在±30″范围内，角度闭合差 $f_{\beta测}$ 在±80″范围内。

（3）测角和量边必须满足要求。用罗盘仪测起始边的方位角。量边时每条边相对误差 $K\leqslant\frac{1}{2\ 000}$。

（4）仪器迁站要规范。强调人员、仪器安全。

（5）安置仪器高度合理，连接牢靠。

（6）精心测量，尽量减小人为误差。

◉附：闭合导线测量记录、计算表

闭合导线测量记录表

观测： 日期： 班级： 记录： 天气： 组别：

测线	方向	整尺段/m	零尺段/m	总计/m	较差/m	精度	平均值/m	备　注

闭合导线观测水平角记录表

观测：　　　　日期：　　　　班级：　　　　记录：　　　　天气：　　　　组别：

测点	盘位	目标	水平度盘读数 /(° ′ ″)	半测回角值 /(° ′ ″)	一测回角值 /(° ′ ″)	测回互差 (精度″)

闭合导线计算表

班级组别：　　　　姓名：

点号	观测角（右角）/(° ′ ″)	改正数/(″)	改正后的角值/(° ′ ″)	坐标方位角/(° ′ ″)	边长/m	坐标增量计算值/m		改正后坐标增量/m		坐标/m		备注
						Δx	Δy	Δx	Δy	x	y	
1	2	3	4	5	6	7	8	9	10	11	12	13
												草图
辅助计算												

训练项目四　公路中线测量

任务一　圆曲线主点测设

一、测设方法与步骤

（1）在平坦地区定出路线导线的三个交点（JD_1、JD_2、JD_3），如图 4-1 所示，并在所选点上用木桩标定其位置。边长要大于 80 m，估计 $\beta_{右}<145°$。

（2）在交点 JD_2 上安置经纬仪，用测回法观测出 $\beta_{右}$，并且计算出转角 α，$\alpha_{右}=180°-\beta_{右}$。

（3）假定圆曲线半径 $R=100$ m，然后根据 R 和 $\alpha_{右}$，计算出曲线测设元素 L、T、E、D。

切线长　　$T=R\tan\dfrac{\alpha}{2}$

曲线长　　$L=R\alpha\dfrac{\pi}{180}$

外　距　　$E=R\left(\sec\dfrac{\alpha}{2}-1\right)$

切曲差　　$D=2T-L$

（4）计算圆曲线主点的里程（假定 JD_2 的里程已知为 K4＋296.670）。

JD_2　K4＋296.670

－）T

ZY

＋）L

YZ

－）$L/2$

QZ

＋）$D/2$

JD_2　K4＋296.670（检核计算）

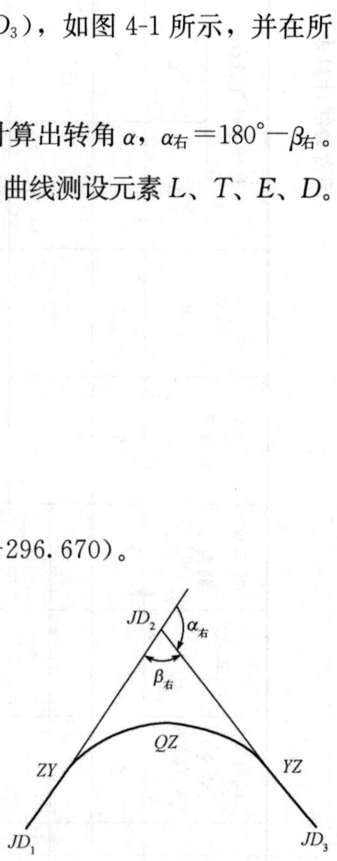

图 4-1　圆曲线主点测设

（5）设置圆曲线主点。

①在 JD_2—JD_1 方向线上，自 JD_2 量取切线长 T 得圆曲线起点 ZY，插一测钎，作为起点桩。

②在 JD_2—JD_3 方向线上，自 JD_2 量取切线长 T 得圆曲线终点 YZ，插一测钎，作为终点桩。

③用经纬仪设置 $\beta_{右}/2$ 的方向线，即角 $\beta_{右}$ 的角平分线。在此角平分线上自 JD_2 量取外矩 E，得圆曲线中点 QZ，插一测钎，作为中点桩。

（6）站在曲线内侧观看 ZY、QZ、YZ 桩是否有圆曲线的线型，以作为概略检核。

（7）交换工种后再重复（5）的步骤，看两次设置的主点位置是否重合。如果不重合，而且差得太大，那就查找原因，重新测设；如在容许范围内，则点位即可确定。

二、注意事项

（1）为使实训直观便利，克服场地的限制，本次实习规定：$30° < \alpha_{右} < 40°$，$R = 100$ m。

（2）以 R、α 为已知条件，计算出曲线元素，计算时要细心，以防出错。

（3）计算主点里程时，最好两人独立计算，加强校核，以防算错。

（4）本次实训事项较多，小组人员要紧密配合，保证实训顺利完成。

任务二　切线支距法详细测设圆曲线

一、测设方法与步骤

（1）在实训前首先按照本次实训所给的实例，计算出所需测设数据（实例及计算表格附后）。

（2）根据所算出的圆曲线主点里程设置圆曲线主点，其设置方法与任务一相同。

（3）将经纬仪置于圆曲线起点（或终点）标定出切线方向，也可以用花杆标定切线方向。

（4）根据各里程桩点的纵坐标，用皮尺从曲线起点（或终点）沿切线方向量取 X_1、X_2、X_3 等长度，得垂足 N_1、N_2、N_3 等点，并用测钎标记。

（5）在垂足 N_1、N_2、N_3 等点用方向架标定垂线并沿此垂线方向分别量出 Y_1、Y_2、Y_3 等，即定出曲线上 P_1、P_2、P_3 等各桩号点，并用测钎标记其位置。

（6）从曲线的起（终）点分别向曲线中点测设，测设完毕后，用丈量所定各点间弦长来校核其位置是否正确。也可用弦线偏距法进行校核。

二、注意事项

（1）本次实训是在任务一的基础上进行的，所以对任务一的方法及要领应了如指掌。

（2）应在实训前将实例的全部测设数据计算出来，不要在实习中边算边测，以防时间不够或出错（如时间允许，也可不用实例直接在现场测定右角后进行圆曲线的详细计算测设）。

三、实例

已知：圆曲线的半径 $R=100$ m，转角 $\alpha_{右}=34°30'00''$，JD_2 的里程为 K4＋296.670，桩距 $L_0=10$ m，按整桩距法设桩，试计算各桩点的坐标（X，Y），并详细设置此圆曲线。

◉附：圆曲线主点参数和详细测设参数计算表

圆曲线主点参数和详细测设参数计算表

（切线支距法和偏角法都适用）

班级组别：　　　　姓名：

桩　号	各桩至 ZY 或 YZ 点的曲线长 L_i/m	圆心角 /（° ′ ″）	x_i	y_i	偏角值 Δ_i /（° ′ ″）	度盘读数 /（° ′ ″）	相邻桩间弧长 l_i/m	相邻桩间弦长 c_i/m	各桩至 ZY 或 YZ 点之间的弦长 C_i/m
已知参数	转角 α=				设计半径 R=				
	JD 里程=				整桩间距 l_0=				
曲线元素	切线长 T=				外矢距 E=				
	曲线长 L=				切曲差 D=				
主点里程	ZY 里程=				QZ 里程=				
	YZ 里程=				JD 里程=				

任务三　偏角法详细测设圆曲线

一、测设方法与步骤

（1）在实训前按照任务二所给的实例计算出所需测设数据。

（2）根据所算出的圆曲线主点里程设置圆曲线主点，其设置方法与任务一相同。

（3）将经纬仪置于圆曲线起点 A（ZY），度盘配置起始读数 $360°-\Delta_A$，后视交点 JD_2 得切线方向，如图 4-2 所示。

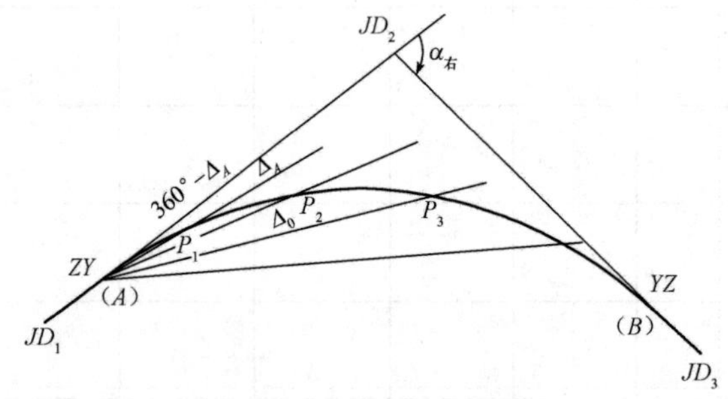

图 4-2　偏角法测设圆曲线

（4）转动照准部使度盘读数为 $0°00'00''$（P_1 点的偏角读数）得 AP_1 方向，沿此方向从 A 量出首段弦长 C_A 得整桩 P_1，在 P_1 点上插一测钎。

（5）对照所计算的偏角表，转动照准部使度盘对准整弧段 l_0 的偏角 Δ_0（P_2 点的偏角读数）得 AP_2 方向，从 P_1 点量出整弧段弦长 C_0 与 AP_2 方向线相交得 P_2 点，在 P_2 点上插一测钎。

（6）转动照准部，使度盘对准 $2l_0$ 的偏角 $2\Delta_0$（P_3 点的偏角读数）得 AP_3 方向，从 P_2 点量出 C_0 与 AP_3 方向线相交得 P_3，在 P_3 点上插一测钎。

（7）以此类推定出其他各整桩点。

（8）最后应闭合于曲线终点 B（YZ），当转动照准部使度盘对准偏角 $n\Delta_0+\Delta_B$（终点 B 的偏角读数）得 AB 方向。从 P_n 点量出尾段弦长 C_B 以与 AB 方向线相交，其交点应为原设的 YZ 点，如两者不重合，其闭合差一般不得超过如下规定：半径方向（横向± 0.1 m）；

切线方向（纵向$\pm\frac{L}{1000}$；L为曲线长）。否则应检查原因，进行改正或重测。

如果经纬仪安置在曲线终点（YZ）上，反拨偏角测设圆曲线（即路线为左转角时正拨偏角测设圆曲线），其测设方法与正拨偏角测设方法基本相同。不同之处就是反拨偏角值等于360°减去正拨偏角。

二、注意事项

（1）本次实训是在任务一的基础上进行的，故对任务一的方法及要领应了如指掌。

（2）应在实训前将算例的全部测设数据计算出来，不能在实习中边算边测，以防时间不够或出错（如时间允许，也可不用实例直接测定右角后进行圆曲线的详细测设）。

任务四　缓和曲线主点测设

1. 基本公式

$$\beta_0=\frac{l_s}{2R}\ (\text{rad})\ =\frac{90}{\pi}\cdot\frac{l_s}{R}\ (°)$$

β_0 为缓和曲线全长 l_s 所对的中心角即切线角，亦称缓和曲线角。

内移值 p 和切线增长值 q：

$$p=\frac{l_s^2}{24R}$$

$$q=\frac{l_s}{2}-\frac{l_s^3}{240R^2}$$

2. 缓和曲线测设元素计算

$$\left.\begin{aligned}
T_H&=(R+p)\tan\frac{\alpha}{2}+q\\
L_H&=R(\alpha-2\beta_0)\frac{\pi}{180°}+2l_s\\
L_y&=R(\alpha-2\beta_0)\frac{\pi}{180°}\\
E_H&=(R+p)\sec\frac{\alpha}{2}-R\\
D_H&=2T_H-L_H
\end{aligned}\right\}\text{必须满足的条件：}\alpha\geqslant2\beta_0$$

3. 主点的测设

缓和曲线主点 ZH、HZ 和 QZ 点的测设方法，与圆曲线主点 ZY、YZ 和 QZ 测设相同。HY 和 YH 点可按计算 x_0、y_0 用切线支距法测设。

$$x_0=l_s-\frac{l_s^3}{40R^2}$$

$$y_0=\frac{l_s^2}{6R}-\frac{l_s^4}{336R^3}$$

任务五　切线支距法详细测设缓和曲线

一、测设方法与步骤

切线支距法是以直缓点 ZH 或缓直点 HZ 为坐标原点，以过原点的切线为 x 轴，过原点的半径为 y 轴，利用缓和曲线和圆曲线上各点的 x、y 坐标测设曲线。

在算出缓和曲线和圆曲线上各点的坐标后，即可按圆曲线切线支距法的测设方法进行设置。

（1）在缓和曲线段上各点的坐标可以按缓和曲线参数方程计算：

$$\begin{cases} x=l-\dfrac{l^5}{40R^2 l_s^2} \\ y=\dfrac{l^3}{6Rl_s}-\dfrac{l^7}{336R^3 l_s^3} \end{cases}$$

（2）圆曲线段。

圆曲线上各点的测设须将仪器迁至 HY 点或 YH 点上进行。只要定出 HY 点或 YH 点的切线方向，就与前面所学的圆曲线测设方法一样了。

计算配盘值：

$$b_0=\beta_0-\delta_0=3\delta_0-\delta_0=2\delta_0$$

将仪器安置于 HY 点上，瞄准 ZH 点，水平度盘配置在 b_0（当曲线右转时，配置在 $360°-b_0$），旋转照准部使水平度盘读数为 $0°00'00''$并倒镜，此时视线方向即为 HY 点的切线方向。

二、要求

（1）掌握切线支距法详细测设缓和曲线的加桩计算，每人完成计算和放样全过程。安置仪器高度合理，连接牢靠，迁站规范。

（2）掌握缓和曲线详细加桩的要求和方法。

（3）学会检查校核各桩位的正确性。量距时注意尺子的松紧度。

◉**附：缓和曲线主点参数和详细测设参数计算表**

缓和曲线主点参数和详细测设参数计算表

（切线支距法和偏角法都适用）

班级组别：　　　　姓名：

已知参数	转角 α=	设计半径 R=	缓和曲线长 l_s=	
	JD 里程=	整桩间距 l_0=		
特征参数	切线角 β_0=	内移值 p=	切线增长值 q=	
	切线长 T_H=	曲线长 L_H=	外矢距 E_H=	切曲差 D_H=
主点里程	ZH 里程=	HY 里程=	QZ 里程=	
	YH 里程=	HZ 里程=	JD 里程=	

详细测设参数			切线支距法			偏角法及校核计算				
编号	桩号	各桩至 ZH（HY）或 HZ（YH）点的弧长 L_i/m	圆心角 φ_i /（° ′ ″）	x_i	y_i	偏角值 Δ_i /（° ′ ″）	度盘读数 /（° ′ ″）	相邻桩间弧长 l_i/m	相邻桩间弦长 c_i/m	各桩至 ZH（HY）或 HZ（YH）点的弦长 C_i/m

任务六　偏角法详细测设缓和曲线

一、测设方法与步骤

（1）在缓和曲线段上任意一点的偏角计算。

$$\delta=\frac{l^2}{6Rl_s}$$

HY 点或 YH 点的偏角 δ_0 为缓和曲线的总偏角，即 $l=l_s$。

$$\delta_0=\frac{l_s}{6R}=\frac{1}{3}\beta_0$$

弦长计算：

$$c=l-\frac{l^5}{90R^2l_s^2}$$

（2）圆曲线段。

圆曲线上各点的测设须将仪器迁至 HY 点或 YH 点上进行。只要定出 HY 点或 YH 点的切线方向，就与前面所学的圆曲线测设方法一样了。

计算配盘值：

$$b_0=\beta_0-\delta_0=3\delta_0-\delta_0=2\delta_0$$

将仪器安置于 HY 点上，瞄准 ZH 点，水平度盘配置在 b_0（当曲线右转时，配置在 $360°-b_0$），旋转照准部使水平度盘读数为 $0°00'00''$ 并倒镜，此时视线方向即为 HY 点的切线方向。

二、要求

（1）掌握偏角法详细测设缓和曲线的加桩计算，每人完成计算和放样全过程。安置仪器高度合理，连接牢靠，迁站规范。

（2）掌握缓和曲线详细加桩的要求和方法。

（3）学会检查校核各桩位的正确性。量距时注意尺子的松紧度。

（4）仪器出箱、入箱要规范。注意人员、仪器安全。

任务七 虚交放样（圆外基线法）

虚交是指路线交点 JD 不能设桩或安置仪器（如 JD 落入水中或深谷及建筑物等处）。有时交点虽可定出，但因转角很大，交点远离曲线或遇地形地物等障碍不易到达，可作为虚交处理。

（1）圆外基线法测设方法。

路线交点落入河里，不能设桩，为此在曲线外侧沿两切线方向各选择一辅助点 A 和 B，构成圆外基线 AB。用经纬仪测出 α_A 和 α_B，用钢尺往返丈量 AB，所测角度和距离均应满足规定的限差要求。

（2）计算与复核。

由图 4-3 可知：$\alpha=\alpha_A+\alpha_B$；

$$\left.\begin{aligned} a&=AB\frac{\sin\alpha_B}{\sin\alpha} \\ b&=AB\frac{\sin\alpha_A}{\sin\alpha} \end{aligned}\right\}$$

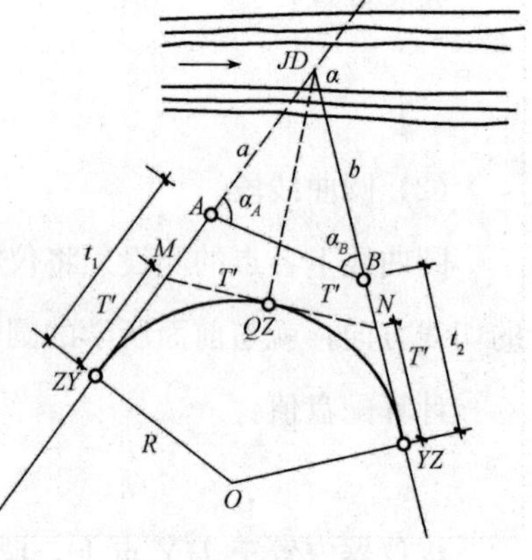

图 4-3 圆外基线法

根据转角 α 和选定的半径 R，即可算得切线长 T 和曲线长 L。再由 a、b、T，计算辅助点 A、B 至曲线 ZY 点和 YZ 点的距离 t_1 和 t_2：

$$\left.\begin{aligned} t_1&=T-a \\ t_2&=T-b \end{aligned}\right\}$$

如果计算出 t_1、t_2 出现负值，说明曲线的 ZY 点、YZ 点位于辅助点与虚交点之间。

（3）主点测设。

根据 t_1、t_2 即可定出曲线的 ZY 点和 YZ 点。量出 A 点的里程后，曲线主点的里程亦可算出。曲线中点 QZ 的测设，可采用以下方法：

如图 4-3 所示，设 MN 为 QZ 点的切线，则

$$T'=R\tan(\alpha/4)$$

测设时由 ZY 点和 YZ 点分别沿切线量出 T' 得 M 点和 N 点，再由 M 点或 N 点沿 MN 或 NM 方向量 T' 即得 QZ 点。曲线主点定出后，即可用切线支距法或偏角法进行曲线详细测设。

◉附：虚交主点参数和详细测设参数计算表

虚交主点参数和详细测设参数计算表

（圆外基线法放样主点，切线支距法和偏角法详测）

班级组别：　　　　姓名：

已知参数	转角 α_A=		转角 α_B=		设计半径 R=
	A 点里程桩号=		D_{AB}=		整桩间距 l_0=
曲线元素	α=	切线长 T=	曲线长 L=		
	a=	b=	t_1=	t_2=	T'=
主点里程	ZY 里程=		YZ 里程=		
	QZ 里程=		A 点里程=		

桩号	各桩至 ZY 或 YZ 点的曲线长 L_i/m	圆心角 φ_i /(° ′ ″)	x_i	y_i	偏角值 Δ_i /(° ′ ″)	度盘读数 /(° ′ ″)	相邻桩间弧长 l_i/m	相邻桩间弦长 c_i/m	各桩至 ZY 或 YZ 点之间的弦长 C_i/m
注：放样草图绘制在背面									

任务八　复曲线测设

复曲线是由两个或两个以上不同半径的同向曲线相连而成的曲线。

如图 4-4 所示，主、副曲线的交点为 A、B，两曲线相接于 YY。用经纬仪观测转角 α_1、α_2，测量切基线 AB。在选定主曲线半径 R_1 后，即可按以下步骤计算副曲线的半径 R_2 及测设元素。

（1）根据主曲线的转角 α_1 和半径 R_1，计算主曲线的测设元素：

$$T_1 = R_1 \tan\frac{\alpha_1}{2} \qquad L_1 = \frac{\pi\alpha_1 R_1}{180°}$$

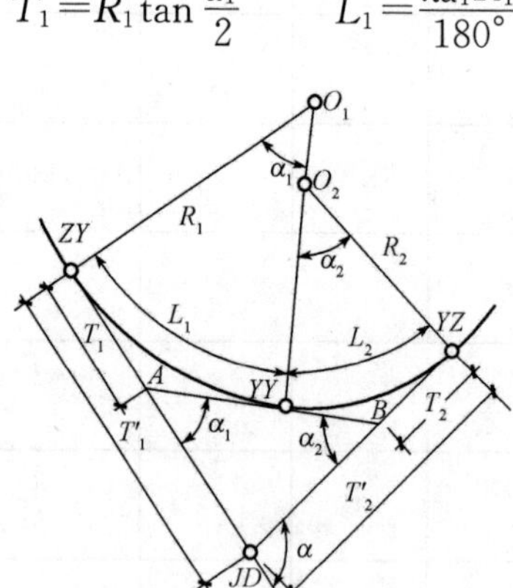

图 4-4　复曲线测设

（2）根据切基线 AB 的长度和主曲线切线长 T_1，计算副曲线的切线长 T_2。

$$T_2 = AB - T_1$$

（3）根据副曲线的转角 α_2 和切线长 T_2，计算副曲线的半径 R_2。

$$R_2 = \frac{T_2}{\tan\frac{\alpha_2}{2}}$$

（4）根据副曲线的转角 α_2 和半径 R_2，计算副曲线的测设元素 T_2、L_2、E_2、D_2。

测设曲线时，由 A 沿切线方向向后量 T_1 得 ZY 点，沿 AB 向前量 T_1 得 YY 点，由 B 沿切线方向向前量 T_2 得 YZ 点。曲线的详细测设仍可用切线支距法和偏角法。

◉附：复曲线主点参数和详细测设参数计算表

复曲线主点参数和详细测设参数计算表

（切线支距法和偏角法详测都适用）

班级组别：　　　　姓名：

已知参数	JD_1 里程＝ D_{AB}＝	转角 α_1＝ 主曲线半径 R_1＝	转角 α_2＝ 整桩间距 l_0＝
曲线元素	T_1＝　　L_1＝　　E_1＝　　D_1＝ T_2＝　　R_2＝　　L_2＝ E_2＝　　D_2＝		
主点里程	ZY 里程＝ QZ_2 里程＝	QZ_1 里程＝ YZ 里程＝	GQ 里程＝ JD_1 里程＝

桩号	各桩至 ZY 或 YZ 点的曲线长 L_i/m	圆心角 φ_i /（° ′ ″）	x_i	y_i	偏角值 Δ_i /（° ′ ″）	度盘读数 /（° ′ ″）	相邻桩间弧长 l_i/m	相邻桩间弦长 c_i/m	各桩至 ZY 或 YZ 点之间的弦长 C_i/m

注：放样草图绘制在背面

任务九　基平、中平、横断面测量

一、基平测量

基平测量工作主要是沿线设置水准点，并测定其高程，建立路线高程控制测量，作为中平测量、施工放样及竣工验收的依据。

1. 路线水准点的设置

路线水准点是用水准测量方法建立的路线高程测控制点。水准点根据需要和用途不同，道路沿线可布设永久性水准点和临时性水准点。

水准点布设的密度：间距宜为 1～1.5 km；山岭重丘区可根据需要适当加密为 1 km 左右；大桥、隧道洞口及其他大型构造物两端应按要求增设水准点。

2. 基平测量的方法

水准点的高程测定，应根据水准测量的等级选定水准仪及水准尺类型，通常采用一台水准仪在水准点间做往返观测，也可用两台水准仪做单程观测。

基平测量时，采用一台水准仪往返观测或两台水准仪单程观测所得闭合差应符合水准测量的精度要求，且不得超过容许值。

当测段闭合差在规定容许闭合差（限差）之内，取其高差平均值作为两水准点间的高差。超出限差则必须重测。

说明：具体测量方法参照“训练项目一任务四”。

二、中平测量

中平测量：在基平测量后提供的水准点高程的基础上，测定路线各个中桩的高程。

方法：从一个水准点出发，按普通水准测量的要求，用“视线高法”测出该测段内所有中桩地面高程，最后附合到另一个水准点上。

具体步骤：如图 4-5 所示，水准仪置于 1 站，后视水准点 BM_1，前视转点 TP_1，将观测结果分别记入表（记录表附后）中“后视”和“前视”栏内；然后观测 BM_1 与 TP_1 间的各个中桩，将后视点 BM_1 上的水准尺依次立于 0＋000，＋050，…，＋120 等各中桩地面上，将读数分别记入表中视栏内。仪器搬至 2 站，后视转点 TP_1，前视转点 TP_2，然后观测竖立于各中桩地面点上的水准标尺。用同法继续向前观测，直至附合到水准点 BM_2，完成一测段的观测工作。

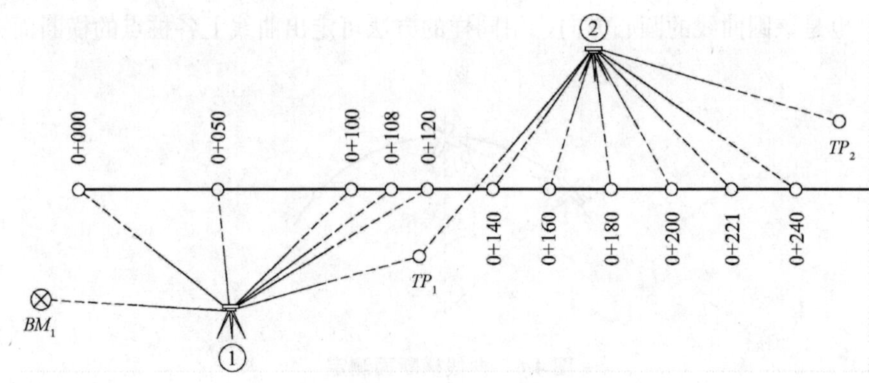

图 4-5　中平测量

每一测站的计算按下列公式进行：

视线高＝后视转点高程＋后视读数

中桩高程＝视线高程－中视读数

转点高程＝视线高程－前视读数

三、横断面测量

横断面测量，就是测定中桩两侧垂直于路中线方向的地面高坡点间的距离和高差，并绘成路线各桩位的横断面图，供路基设计、土石方计算和施工放样之用。横断面测量的宽度，应根据中桩填挖高度、边坡大小及有关工程的要求而定，横断面测绘在各中桩位置均应进行。

（一）横断面方向的确定

1. 直线上横断面方向的确定

直线上横断面方向，一般采用十字方向架测定，即将十字方向架置于桩点上，以其中一方向对准路线方向上的某一中桩，十字方向架的另一方向即为横断面的施测方向。

2. 曲线横断面方向的测定

如图 4-6 所示，当需要测圆曲线上中桩 1 的横断面方向时，可在十字架上安装一个能转动的定向杆 EF（亦称求心方向架）来施测。

施测时首先将十字架安置在 ZY（或 YZ）桩点，用 AB 杆瞄准切线方向，则与其垂直的 CD 方向即为过 ZY（或 YZ）的横断面方向。转动定向杆 EF 瞄准加桩 1，并固紧其位置。然后搬十字架于加桩 1，以 CD 杆瞄准 ZY（或 YZ），则定向杆 EF 方向即是加桩的横断面方向，也是该圆曲线的圆心方向，用同样的方法可定出曲线上各桩点的横断面方向。

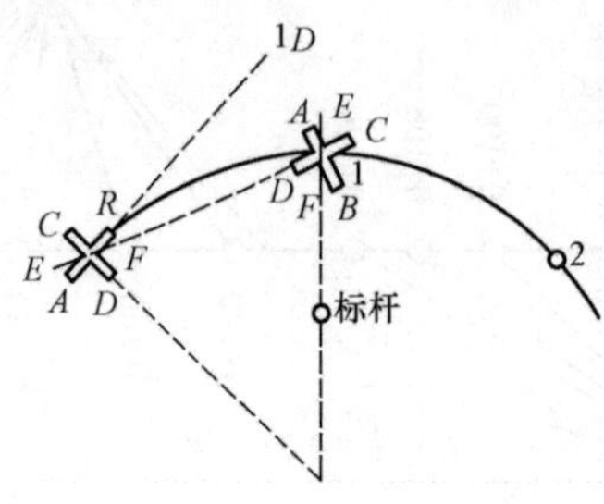

图 4-6 曲线横断面测定

（二）横断面的施测方法

一般采用抬杆法（称双花杆法）。如图 4-7 所示，欲测某一桩的横断面时，则先在桩上置十字架标定出横断面方向后，在地形坡度变化点竖直置一花杆，再用另一根花杆由中桩位置抬平靠在竖直花杆上，在两花杆相交的位置，先读出水平花杆所量的距离，再读竖直花杆的高差。同法可依次测得各变坡点的距离和高差。直至满足设计需要的宽度为止。根据所测得的数字与直接点绘成横断面图或记录于表格内。

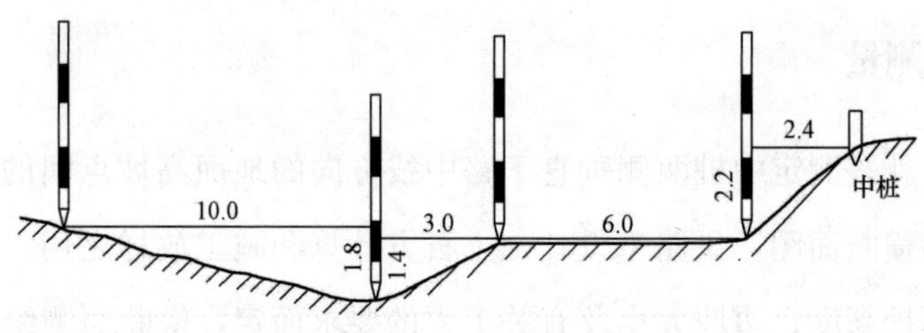

图 4-7 横断面测设

（三）横断面图的绘制

根据上法测量的变坡点的水平距离和高差，按同一比例在毫米方格纸上点绘横断面图。绘制前先在米格纸上标定中桩位置，由中桩位置开始，分左右两侧逐一按各测点的距离和高差点绘制在图纸上，并以直线连接相邻各点即得横断面图中的原地面线。

◉附：中平测量记录计算表

中平测量记录计算表

观测： 日期： 班级： 记录： 天气： 组别：

测点	水准尺读数/m			视线高程/m	高程/m	备注
	后视	中视	前视			

$\sum h_{中} =$

$\sum a - \sum b =$

$fh_{测} =$

$fh_{容} =$

精度评定：

横断面测量记录表

观测：　　日期：　　班级：　　记录：　　天气：　　组别：

左　侧	桩　号	右　侧

训练项目五　全站仪测量

任务一　借领全站仪及基本操作

一、任务内容

(1) 按照分组，由组长带领借领全站仪，填写借领单。

(2) 检查全站仪，给备用电池充电。

(3) 熟悉全站仪各螺旋的使用，熟悉 28 个功能键和对讲机的使用。

重点：熟悉仪器的基本操作，详细阅读使用手册。

难点：各螺旋的使用和 28 个功能键的使用。

二、注意事项

(1) 全站仪功能强大，自重大，强调人员、仪器安全。

(2) 测量前先设置仪器常数和参数，切勿用望远镜照准太阳；仪器迁站必须入箱后迁站。

◉附：仪器各部件名称及键功能

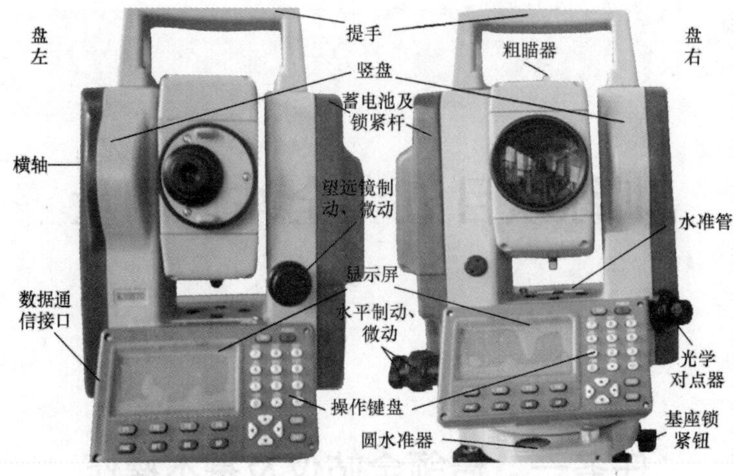

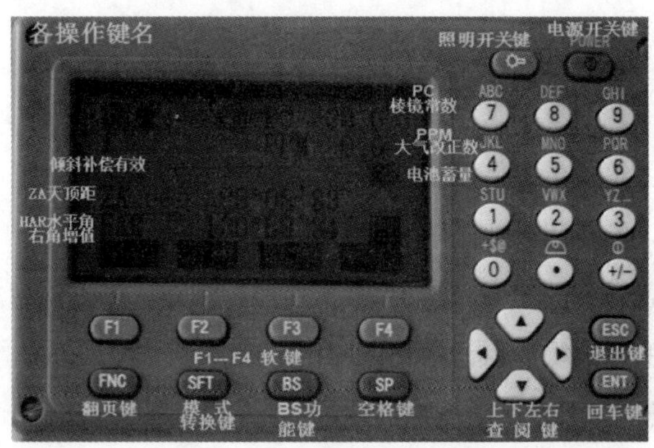

操作键功能

名称	功能	名称	功能
ESC	取消前一项操作。退回到前一个显示屏或前一个模式	ENT	确认输入或存入该行数据并换行
FNC	1. 软件功能菜单，翻页（P1，P2，P3） 2. 在放样、对边等功能中可输入目标高功能	▲	1. 光标上移或上移选取选择项 2. 在数据列表和查找中查阅上一个数据
SFT	打开或关闭转换（SHIFT）模式（在输入法中切换字母和数字功能）	▼	1. 光标下移或下移选取选择项 2. 在数据列表和查找中查阅下一个数据
BS	删除左边一空格	◀	1. 光标左移或左移选取选择项 2. 在数据列表和查找中查阅上一页数据

续表

名称	功能	名称	功能
SP	1. 在输入法中输入空格 2. 在非输入法中为修改测距参数功能	▶	1. 光标右移或右移选取选择项 2. 在数据列表和查找中查阅下一页数据
STU GHI 1~9	字母输入（输入按键上方字母）	1～9	数字或选取菜单项
■	1. 在数字输入功能中小数点输入 2. 在字符输入法可输入：\ # 3. 在非输入法中打开（SHIFT）模式后进入自动补偿界面	+/—	1. 在数字输入功能中输入负号 2. 在字符输入法可输入＊/＋ 3. 在非输入法中打开（SHIFT）模式可进入激光指向和激光对中界面

任务二　角度、距离、坐标测量

一、角度测量

安置全站仪于测站，开机⟹水平旋转照准部⟹旋转望远镜⟹进入测量模式⟹按F4键设置参数（气温、气压、棱镜常数、距离测量模式）⟹设置完后按ENT键确认⟹瞄准棱镜底部中心或棱镜中心⟹按FNC键翻至 P2 页⟹按F1键置零⟹打开水平制动，望远镜照准第二目标中心位置，该水平角就测出来了。

除了盘左盘右法测水平角外，还可以测竖直角（仰角和俯角）。

二、距离测量

安置全站仪于测站，开机⟹水平旋转照准部⟹旋转望远镜⟹进入测量模式⟹按F4键设置参数（气温、气压、棱镜常数、距离测量模式）⟹设置完后按ENT键确认⟹瞄准棱镜中心⟹按F2键切换（F1键显示高差、平距、斜距）⟹按F1键就会进行距离测量。

三、坐标测量

坐标测量操作流程如图 5-1 所示。

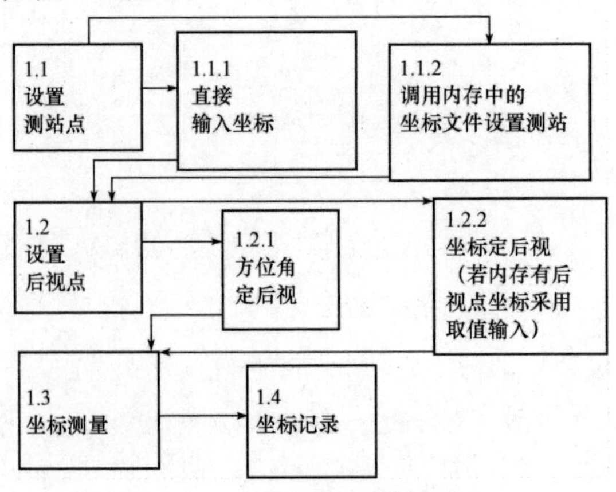

图 5-1　坐标测量操作流程

通过输入同一坐标系统的测站点和定向点的坐标，可以测量未知点（棱镜）在该系统中的坐标。

四、操作步骤

按键	操作过程
FNC	在测量模式下按FNC翻页键进入第 2 页显示坐标测量菜单。
坐标	按坐标键，显示坐标测量菜单。
2	按 2 键选取“2. 设置测站”(或直接按数字键“2”)。
ENT	按ENT键进入输入测站数据模式。
ENT	输入 N0，E0，Z0(测站点坐标，高程)、仪器高、目标高。 每输入一个数据后按ENT键。 (若按记录键，则记录测站数据，再按存储键将测站数据存入工作文件。)
确定	按确定键，结束测站数据输入操作，显示返回坐标测量菜单屏幕。

按键	操作过程
3	在坐标测量菜单屏幕下用▲▼选择 3 键，选取“3. 设置后视”。
1	按 1 键选取“1. 角度定后视”，进入设置方位角模式。
确定	瞄准后视点，输入方位角，然后按确定键。
是	检查瞄准后视点方向正确后，按 是 键。 结束方位角设置，返回坐标测量菜单屏幕。

按键	操作过程
ESC	按ESC键返回坐标测量菜单。
1	按 1 键选择“1. 设置”进入测量系统。
ENT	按ENT键执行测量工作。

测量结束显示：
目标点的坐标值：N、E、Z；
到目标点的距离：S；
水平角：HAR。

```
N:     1534.688 m
E:     1048.234 m
Z:     1121.123 m
S:     885.223 m
HAR:   52°12′32″
记录  测站    观测
```

停止　　(若仪器设置为重复测量模式按停止键测量结束)

任务三　对边测量、悬高测量、面积测量

一、对边测量（图 5-2）

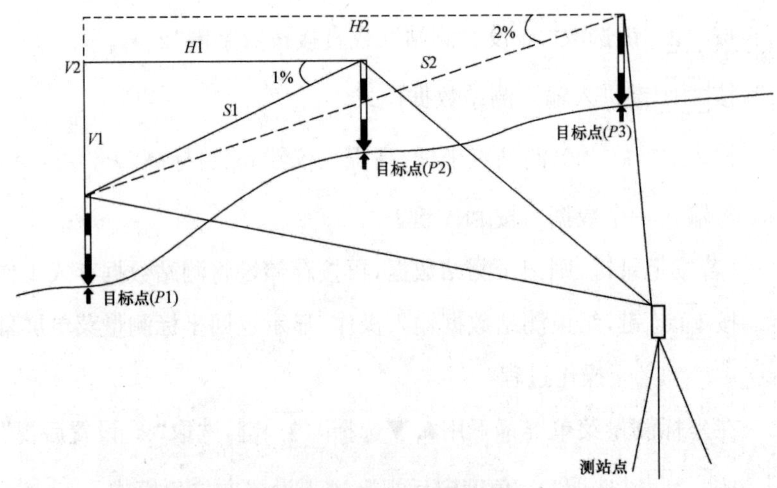

对边测量用于在不动仪器的情况下，直接测量某起始点（P1）与任何一个其他点间的斜距、平距和高差。在测定两点高差时，将棱镜安置在测杆上，并使所有各点目标高相同。

图 5-2　对边测量

按键	操作过程
斜距	在测量模式下，照准起始点 P1，按斜距键开始测量。
FNC	照准目标 P2 点，测量模式下按FNC翻页键，进入第 3 页。
对边	按对边键开始对边测量。

测量停止显示屏显示：

S:起始点 P1 与目标点 P2 的斜距；

H:起始点 P1 与目标点 P2 的平距；

V:起始点 P1 与目标点 P2 的高差；

S:测站点 P1 与目标点 P2 的斜距；

HAR:起始点 P1 与目标点的 P2 的水平角

对边	S	20.756	
	H	27.345	
	V	1.020	
	S	15.483	
HAR	135°31′28″		
对边	新站	斜距	观测

对边　　照准目标 P3 点,按对边键开始对边测量。

测量停止显示屏显示起始点 P1 与目标点 P3 间的斜距、平距、高差。

用同样方法,可测定起始点与其他任意点的斜距、平距、高差。

重新观测起始点:按观测键。

按键　　操作过程

斜距　　按斜距键,屏幕斜距变成斜率,表示相邻两点间的坡度百分度,再按一次斜距键,恢复原屏幕。

ESC　　对边测量结束按ESC键。

对边	S	46.755%
	H	37.345
	V	1.060
	S	15.483
HAR		135°31′28″
对边 新站 斜率 观测		

对边测量改变起始点

新站　　在对边测量的结果的屏幕下按新站键显示改变起始点屏幕。

提问是否设最后测点为起始点。

是　　屏幕下方有是、否。

按 是 键,确认最后观测点的目标点为新的起始点。

按上述方法进行下一点的测量。

二、悬高测量

悬高测量用于对不能设置棱镜的目标（如输电线、桥梁等）高度的测量。将棱镜设于被测目标的上方或下方，用卷尺量取棱镜高（测点至棱镜中心距离）。

FNC　　在测量模式菜单第 3 页按高度键进入仪器高、目标高设置屏幕。

高度　　输入仪器高、棱镜高。

确定　　按确定键,瞄准棱镜。

斜距　　在测量模式菜单下按斜距键开始距离测量。距离类型可以是斜距、平距和高差。

悬高	瞄准目标,在测量模式第 3 页按 菜单 键,按 悬高 键开始悬高测量。 0.7s 后,显示屏在“Ht.”一栏中显示出目标至测点的高度,此后,每隔 0.5s 显示一次测量值。
停止	按 停止 键悬高测量结束。
ESC	按 ESC 键返回测量模式屏幕。

悬高测量
Ht. 0.052
S 13.123
ZA 89°23′54″
HAR 117°12′17″
停止

三、面积测量

面积计算通过输入或仪器内存中三个或多个点的坐标数据，计算出这些点的连线而形成的图形的面积，所用的坐标数据可以测量所得，也可以手工输入。

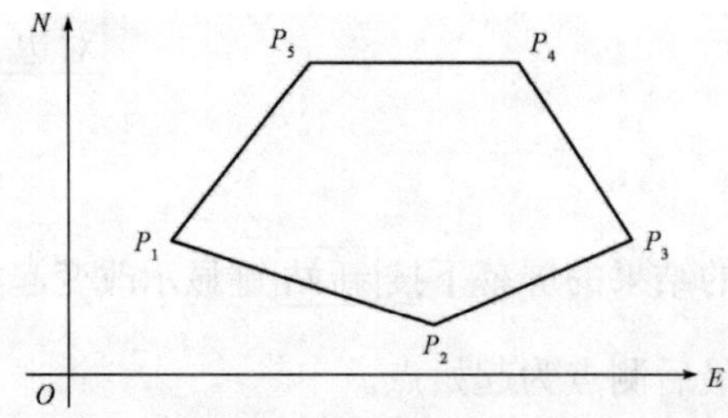

注意：1.计算面积时若使用的点少于3个点将会出错。
2.在给出换成图形的点号时必须按顺时针或逆时针的顺序排列，否则计算结果将不正确。

图 5-3　面积测量

按键	操作过程
菜单	在测量模式第 3 页按 菜单 键,翻页进入菜单(2)。
8	按 8 键选择“8. 面积计算”进入面积计算模式。

(对于参与面积计算的点可以通过测量得到,也可以调用内存的坐标数据。)

测量	以测量为例。照准所计算面积的封闭区域第 P_1 边界点按 测量 键。
确定	再按 确定 键进入测量状态。并显示 Pt01,表示此点为测量所得,01 为点号。 按上述,瞄准,按 测量 键,再按 确定 键。

按顺时针或逆时针顺序完成全边界点。第 2 页可以调用内存坐标数据。

按[取值]、[查阅]键及[ENT]键进行面积测量。

[计算] 当获得的点数大于 3 个，按[计算]键显示屏显示计算结果。

[结束] 按[结束]键结束面积计算返回菜单屏幕。

[继续] 按[继续]键则又进入面积计算程序。

参与计算点的个数：3	
11.359 平米①	
0.0011 公顷	
0.0028 公亩②	
122.26 平尺③	
继续	结束

① 平米规范叫法为平方米。

② 公亩为非法定计量单位，1 公亩＝100 米^2。

③ 平尺规范叫法为平方尺，为非法定计量单位，1 平方尺＝0.11 米^2。

任务四 距离角度法放样直线

距离角度法放样：根据测站点与后视点方向旋转的已知水平角值和至测站点的距离值测设放样点位。

按键	操作过程
FNC	瞄准后视点方向。
置零	按FNC翻页键，进入测量模式第 2 页。
置零	按两次置零键，将后视点方向设置为零。
放样	在测量模式第 2 页菜单下按放样键，显示放样模式。
2	按 2 键选择“2. 放样”。
ENT	再按ENT键。
ENT	根据显示输入下列数据：1. 放样距离；2. 放样的角度。 每输入完一数据项后按ENT键。
确定	按确定键。 显示屏中 S0. S 为至待放样点距离值，dHA 为至待放样点的水平角差值。
ESC	中断输入按ESC键。

```
S0. S
S
ZA     89°45′23″
HAR     150°16′54″
dHA     0°00′15″
记录  切换(—)斜距
```

按键	操作过程
〈—〉	按〈—〉键显示屏幕第 1 行中显示的角度值为角度实测值与放样值之差值。 而显示单箭头方向为仪器照准部应转动的方向。 显示⟺是角度值为 0°。
斜距	在望远镜正确瞄准棱镜后，按斜距键开始距离测量。
切换	(再按切换键选择放样测量模式。) 距离测量进行后，显示屏在第 2 行中显示距离值为放样值与实测值的差值。

[切换]	可以按↓或↑箭头移动棱镜，使差值为 0m。
	再按[切换]键选择[平距]键、[高差]键进行测量。
	当显示距离值(放样值与实测值的差值)为 0m，定出放样点位。
[ESC]	按[ESC]键返回放样测量菜单屏幕。
	放样测量模式每按一次[切换]键可选择：
	[斜距]→[平距]→[高差]→[坐标]→[悬高]

任务五　坐标法放样曲线（圆曲线和缓和曲线）

放样程序：测量者可以在工作现场根据点号和坐标值将该点定位到实地。如果放样点坐标数据未被存入仪器内存，则可以通过键盘输入到内存，坐标数据也可以在内业时通过通信电缆从计算机上传到仪器内存，以便到工作现场能快速调用。

（一）设置测站

按键	操作过程
FNC	瞄准后视点方向。按FNC翻页键，进入测量模式第2页。
放样	按放样键，进入放样测量菜单。
3	按3键选择“3. 设置测站”。
ENT	再按ENT键，进入设置测站模式。
ENT	进入测站模式后按显示屏的项目输入测站N0、E0、Z0数据，及棱镜高（量取棱镜中心至测杆底部的距离）。 每输完一个数据后按ENT键。 （若内存中有本站数据可以按取值键选择。）
确定	输完测站数据后按确定键，进入放样测量菜单。

（二）设置后视

按键	操作过程
4	进入放样测量菜单。 按4键选择“4. 设置后视”
ENT	按ENT键，进入设置后视模式：1. 角度定后视；2. 坐标定后视。
1	按1键进入角度定后视。瞄准后视点。
确定	输入方位角按确定键。
是	检查瞄准后视点方向按是键。

2	按 2 键进入坐标定后视。瞄准后视点。
确定	输入后视点坐标 NBS,EBS 和 ZBS 的值。 每输完一个数据后按确定键。
是	检查瞄准后视点方向按 是 键。

(若内存中有本站数据可以按取值键调用已知值,按确定键,检查瞄准后视点方向按 是 键。)

(三)设置放样

按键	操作过程
2	进入放样测量菜单。
ENT	按 2 键选择"2. 放样"进入放样模式。 再按ENT键,进入设置放样值(1)屏幕。
ENT	在放样值(1)屏幕中按 Np、Ep、Zp,分别输入待放样点的三个坐标值,每输入完一个数据按ENT键。
ESC	中断按ESC键。
取值	读取按取值键。
记录	记录按记录键。

```
放样值(1)
Np:     1234.567
Ep:     2345.123
Zp:     1112.333
目标高:  1.335 m
记录  取值     确定
```

确定	在上述数据输入完毕后,仪器自动计算出放样所需要的距离和水平角,并显示在屏幕上。按确定键进入放样观测屏幕。

```
SO.H       -2.193m
H           0.043m
ZA        89°45′23″
HAR      150°16′54″
dHA       -0°00′06″
记录  切换  〈—〉平距
```

（四）放样测设

按键	操作过程
〈—〉	按〈—〉键显示屏幕第 1 行中显示的角度值为角度实测值与放样值之差值。而显示单箭头方向为仪器照准部应转动的方向。 显示⟺是角度值为 0°。 ⬅从测站上看去，向左移动棱镜。 ➡从测站上看去，向右移动棱镜。
斜距	在望远镜正确瞄准棱镜后，按斜距键开始距离测量。
切换	（再按切换键选择放样测量模式。） 距离测量进行后，显示屏在第 2 行中显示距离值为放样值与实测值的差值。可以按⬇或⬆的箭头前、后移动棱镜，定出待放样点的平面位置。
切换	为了确定出待放样点的高程位置，再按切换键使之显示坐标显示屏。
坐标	按坐标键开始高程放样测量。

按键	操作过程
〈—〉	测量停止后显示放样观测屏幕。
坐标	按〈—〉键后按坐标键显示引导屏幕。其中第 4 行位置显示值为待放样点的高差，按箭头指示棱镜移动方向。 （若使至放样差值以坐标显示，在测量停止后再按一次〈—〉键。）
坐标	按坐标键，向上或者向下移动棱镜使所显示的高差值为 0m。 当第 1、2、3 行显示值为 0 时，测杆底部所对应的位置即为放样点位。 （注：按FNC翻页键可改目标高。）

```
↔        0°00′00″
↔          0.000m
↔          0.000m
ZA     89°45′23″
HAR     150°16′54″
记录   切换  〈—〉坐标
```

按键	操作过程
ESC	按ESC键返回放样测量菜单屏幕。

◉附：全站仪放样（详细测设）圆曲线和缓和曲线

全站仪放样(详细测设)圆曲线(一)

您输入的已知数据：

您输入的 ZY 点桩号为:K4+ 977.054

您输入的 ZY 点的 x 坐标为：456.123

您输入的 ZY 点的 y 坐标为：321.654

您输入的圆曲线转角值为:42°36′30″

您输入的路线方位角为:222°36′30″

您输入的路线半径为:110.000

= = = = = = = = = = = = = = = = = =

曲线要素：

半径:R= 110.000　　曲线长:L= 81.802

转角:42°36′30″(左)　切线长:42.896

外矢距:8.068　切曲差:3.990

ZY(K4+ 977.0540)　X:456.1230　Y:321.6540

QZ(K5+ 017.9551)　X:421.6200　Y:300.1307

YZ(K5+ 058.8561)　X:381.6549　Y:292.6138

= =

桩号:K4+ 980.0000: X= 00453.928　Y= 00319.689

桩号:K4+ 990.0000: X= 00446.102　Y= 00313.470

桩号:K5+ 000.0000: X= 00437.743　Y= 00307.987

桩号:K5+ 010.0000: X= 00428.920　Y= 00303.286

桩号:K5+ 020.0000: X= 00419.708　Y= 00299.406

桩号:K5+ 030.0000: X= 00410.181　Y= 00296.377

桩号:K5+ 040.0000: X= 00400.419　Y= 00294.226

桩号:K5+ 050.0000: X= 00390.501　Y= 00292.970

桩号:K5+ 058.8561: X= 00381.655　Y= 00292.614

= =

说明:学院田径运动场中心为测站点(控制点)坐标为:X= 420.000　Y= 290.000 田径运动场北端(弧顶外)电杆为后视点,方向角设置为 0°00′00″。

全站仪放样(详细测设)圆曲线(二)

您输入的已知数据：

您输入的 ZY 点桩号为:K4+ 957.104

您输入的 ZY 点的 x 坐标为：100.123

您输入的 ZY 点的 y 坐标为：123.456

您输入的圆曲线转角值为:42°36′30″

您输入的路线方位角为:22°30′30″

您输入的路线半径为:110.000

= = = = = = = = = = = = = = = = = =

曲线要素：

半径:R= 110.0000　　曲线长:L= 81.8021

转角:42°36′30.00″(左)　切线长:42.8964

外矢距:8.0682　切曲差:3.9907

ZY(K4+ 957.1040)　X:100.1230　Y:123.4560

QZ(K4+ 998.0051)　X:139.9213　Y:131.8111

YZ(K5+ 038.9061)　X:180.0355　Y:125.1357

= =

桩号:K4+ 960.0000: X= 00102.813　Y= 00124.529

桩号:K4+ 970.0000: X= 00112.298　Y= 00127.684

桩号:K4+ 980.0000: X= 00122.031　Y= 00129.964

桩号:K4+ 990.0000: X= 00131.931　Y= 00131.352

桩号:K5+ 000.0000: X= 00141.916　Y= 00131.835

桩号:K5+ 010.0000: X= 00151.904　Y= 00131.409

桩号:K5+ 020.0000: X= 00161.811　Y= 00130.079

桩号:K5+ 030.0000: X= 00171.557　Y= 00127.855

桩号:K5+ 038.9061: X= 00180.036　Y= 00125.136

= =

说明:学院田径运动场中心为测站点(控制点)坐标为:X= 139.000　Y= 122.000 田径运动场北端(弧顶外)电杆为后视点,方向角设置为 0°00′00″。

全站仪放样(详细测设)缓和曲线

您输入的已知数据：

您输入的 ZH 点桩号为:K2+ 949.357

您输入的 ZH 点的 x 坐标为:789.456

您输入的 ZH 点的 y 坐标为:456.123

您输入的曲线转角值为:40°30′30″

您输入的曲线的缓和曲线的长度为:20.000 米

您输入的路线方位角为:220°30′30″

您输入的路线半径为:110.000 米

= = = = = = = = = = = = = = = = =

曲线要素：

半径:110.000　　曲线长:97.770

转角:40°30′30″(右)　切线长 T:50.643

外矢距:7.412　切曲差:3.516

= =

ZH(K2+ 949.3570)X= 789.4560　Y= 456.1230

HY(K2+ 969.3570)X= 774.6558　Y= 442.6820

QZ(K2+ 998.2422)X= 757.4185　Y= 419.6072

YH(K3+ 027.1274)X= 746.7621　Y= 392.8488

HZ(K3+ 047.1274)X= 743.0434　Y= 373.2050

= =

K2+ 949.357: X= 789.456　Y= 456.123

桩号:K2+ 950.0000: X= 00788.967　Y= 00455.705

桩号:K2+ 960.0000: X= 00781.424　Y= 00449.141

桩号:K2+ 969.3570: X= 00774.656　Y= 00442.682

桩号:K2+ 970.0000: X= 00774.208　Y= 00442.220

桩号:K2+ 980.0000: X= 00767.605　Y= 00434.715

桩号:K2+ 990.0000: X= 00761.710　Y= 00426.642

桩号:K3+ 000.0000: X= 00756.572　Y= 00418.067

桩号:K3+ 010.0000: X= 00752.234 Y= 00409.060

桩号:K3+ 020.0000: X= 00748.732 Y= 00399.697

桩号:K3+ 027.1274: X= 00746.762 Y= 00392.849

桩号:K3+ 030.0000: X= 00746.092 Y= 00390.055

桩号:K3+ 040.0000: X= 00744.183 Y= 00380.241

桩号:K3+ 047.1274: X= 00743.043 Y= 00373.205

= =

训练项目六　RTK（GPS）测量

任务一　借领 RTK（GPS）及基本操作

一、任务内容

（1）按照分组，由组长带领借领 RTK（GPS），详细填写借领单。

（2）学习使用说明书，了解 RTK 的工作模式（电台作业模式、GPRS 作业模式和 CORS 作业模式），检查 RTK，给备用电池充电。

（3）掌握基准站架设和电台模式连接→基准站设置→移动站的连接操作。

重点：基准站架设；电台模式连接→基准站设置→移动站的连接操作。

难点：基准站架设；电台模式连接→基准站设置→移动站的连接操作。

二、注意事项

（1）RTK 测量仪器是复杂又精密的设备，在日常的携带、搬运、使用和保存中，要正确、妥善，才能更好地保证仪器的精度，延长其使用年限。

（2）用户不能自行拆卸仪器，若发生故障，应及时联系老师。

（3）应使用华测指定品牌稳压电源，并严格遵循华测仪器的标称电压，以免对电台和接收机造成损害。

任务二　RTK（GPS）进行点测量（放样点）

一、任务内容

（1）认识RTK，熟悉各部件名称及作用。

（2）基准站架设，进行电台模式连接。

（3）进行基准站设置（工作模式设置、DL_3 电台设置）。

（4）移动站的操作：设置手簿。

（5）进行点位测量（确定坐标系统→配置→新建保存任务→输入已知点→点测量→点校正→重置当地坐标）。

重点：基准站架设，进行电台模式连接；进行基准站设置。

难点：移动站的操作；进行点位测量。

二、注意事项

（1）禁止边对蓄电池充电边对电台供电工作。

（2）长时间使用电台时应保持在 1 m 以外，避免辐射伤害。

（3）雷雨天请勿使用天线和对中杆，防止因雷击造成意外伤害。

（4）连线连接设备时，各接插件要注意插接好，电源开关要依次打开。

附注：RTK（GPS）进行点测量（放样点）的操作步骤详见《RTK 用户操作手册》（电子版将上传至群共享）和《工程测量》校本教材，请按手册所述步骤进行详细的点测量。

任务三　RTK（GPS）进行直线、曲线放样

一、任务内容

（1）基准站架设，进行电台模式连接。

（2）进行基准站设置、移动站的操作。

（3）熟悉 RTK 进行线测量的方法（直线上点的放样）。

（4）掌握元素法进行圆曲线放样（详细测设）。

（5）掌握元素法进行缓和曲线放样（详细测设）。

重点：基准站架设，进行电台模式连接设置。

难点：直线上点的放样、圆曲线放样、缓和曲线放样。

二、注意事项

（1）各连接线材破损后不要再继续使用，更换新的线材，避免造成不必要的伤害。

（2）对中杆破损后应及时维修、更换，不得残次使用。

（3）对中杆尖部容易伤人，使用棒状天线和对中杆时，注意安全。

三、RTK 元素法放样曲线详细步骤

打开测量→进入道路放样→新建→输入任务名称→新建→选择元素法→下一步→插入→元素类型→选择圆曲线→输入起点坐标、方位角、半径、曲线长、里程→确定→输入名称→保存→退出→保存→退出→在起始点进入测量→进入测量点→输入点名称→移动站气泡居中→单击测量→取消→进入文件→进入元素管理器→单击管理器→找点并双击→重设当地坐标→输入起点坐标→确定→取消→进入测量→进入道路放样→打开→选择任务→开始放样→设置增量→根据横偏、纵偏指示逐桩放出→若放样曲中点，单击设置，在里程栏输入曲中桩号→确定→放样。

◉附：RTK（GPS）详细测设（放样）圆曲线和 RTK（GPS）进行道路中线（缓和曲线）放样数据

RTK（GPS）详细测设（放样）圆曲线

您输入的已知数据：

您输入的 ZY 点桩号为:K2+ 000

您输入的 ZY 点的 x 坐标为：400.556

您输入的 ZY 点的 y 坐标为：422.500

您输入的圆曲线转角值为:46°59′00″

您输入的路线方位角为:25°30′30″

您输入的路线半径为:100 米

= =

曲线要素：

半径:R= 100 米　　　曲线长:L= 82.001

转角:46°59′00″(左)　　切线长:43.464

外矢距:9.037　　　　切曲差:4.927

ZY(K2+ 000.0000)　X:400.5560　Y:422.5000

QZ(K2+ 041.0007)　X:440.1012　Y:432.1858

YZ(K2+ 082.0014)　X:480.2298　Y:425.3055

= =

桩号:K2+ 010.0000: X= 00409.781　Y= 00426.348

桩号:K2+ 020.0000: X= 00419.345　Y= 00429.257

桩号:K2+ 030.0000: X= 00429.151　Y= 00431.195

桩号:K2+ 040.0000: X= 00439.101　Y= 00432.146

桩号:K2+ 050.0000: X= 00449.097　Y= 00432.098

桩号:K2+ 060.0000: X= 00459.038　Y= 00431.052

桩号:K2+ 070.0000: X= 00468.825　Y= 00429.019

桩号:K2+ 080.0000: X= 00478.360　Y= 00426.019

桩号:K2+ 082.0014: X= 00480.230　Y= 00425.305

注意:“半径”一列值为 0 时,对应的半径为无穷大。且该列留空时,其默认值为 0(无穷大)。半径的符号按“左负右正”的方式填入。

RTK(GPS)进行道路中线(缓和曲线)放样数据

您输入的已知数据:

您输入的 ZH 点桩号为:K0+ 300.0000

您输入的 ZH 点的 x 坐标为:456.1230

您输入的 ZH 点的 y 坐标为:123.4560

您输入的曲线转角值为:145°30′30.00″

您输入的曲线的缓和曲线的长度为:20.0000 米

您输入的路线方位角为:0° 0′0.00″

您输入的路线半径为:50.0000 米

= =

曲线要素:

半径:50.0000　　曲线长:146.9800

转角:145°30′30.00″(右)　　切线长 T:172.1266

外矢距:119.7726　　切曲差:197.2732

= =

ZH(K0+ 300.0000)X= 456.1230　Y= 123.4560

HY(K0+ 320.0000)X= 476.0431　Y= 124.7855

QZ(K0+ 373.4900)X= 513.8618　Y= 158.9653

YH(K0+ 426.9800) X= 502.0468　Y= 208.5526

HZ(K0+ 446.9800)X= 486.3814　Y= 220.9290

= =

K0+ 300.0000: X= 456.123　Y= 123.456

桩号:K0+ 320.0000: X= 00476.043　Y= 00124.786

桩号:K0+ 340.0000: X= 00494.342　Y= 00132.522

桩号:K0+ 360.0000: X= 00508.183　Y= 00146.774

桩号:K0+ 380.0000: X= 00515.382　Y= 00165.291

桩号:K0+ 400.0000: X= 00514.802　Y= 00185.149

桩号:K0+ 420.0000: X= 00506.535　Y= 00203.214

桩号:K0+ 426.9800: X= 00502.047　Y= 00208.553

桩号:K0+ 440.0000: X= 00492.102　Y= 00216.930

桩号:K0+ 446.9800: X= 00486.381　Y= 00220.929

训练项目七　路线放样的几种方法

一、已知水平距离的放样

如图 7-1 所示，已知图纸上直线 AB，水平距离 D，地面上 A 点位，要求在地面上测设 B 点位。对水平距离 D 进行尺长、倾斜与温度改正，计算出地面上的直线长度 D_1。

$$D_1=D-D\frac{\Delta l}{l}-D\alpha\ (t-t_0)\ +\frac{h^2}{2D}$$

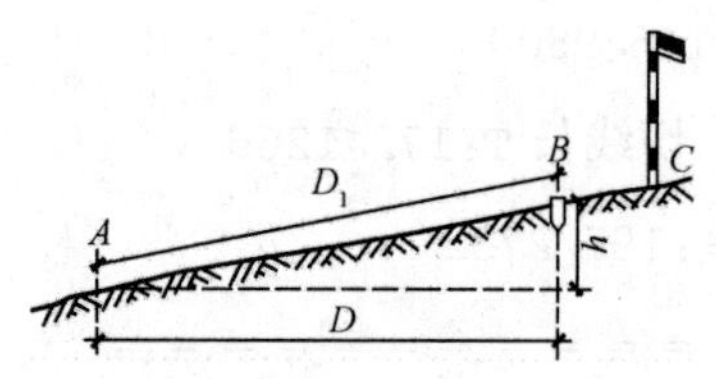

图 7-1　水平距离放样

放线时，一般是用花杆或经纬仪确定出 AB 的方向，然后，将钢尺或皮尺的零端置于 A 点，沿 AC 直线拉尺，直接在直线上量取 D_1 的距离数值，并在地面上将此点确定下来。

二、已知水平角的放样

如图 7-2 所示，测站点 A 及方向线 AB 是已确定的。现要求在 A 点从 AB 开始顺时针方向设置水平角 β，确定出 AC 的方向线。

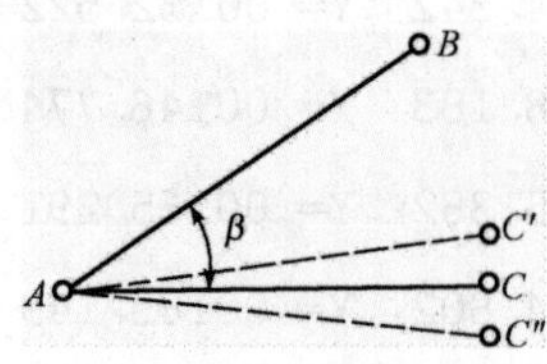

图 7-2　水平角放样

放样时应采用正倒镜分中法：在 A 点安置经纬仪，先以盘左位置后视 B 点，使水平度盘读数为 0°00′00″，转动照准部使度盘读数为 β，在视线方向定出 C' 点。再以盘右位置用同样的

方法定出 C''点。然后定 $C'C''$的中点 C，则 AC 方向即为放样的方向线，$\angle BAC$ 为放样角 β。

三、已知高程的放样

已知高程的放样，是根据已知高程点，用水准测量的方法进行。高程放样如图 7-3 所示。

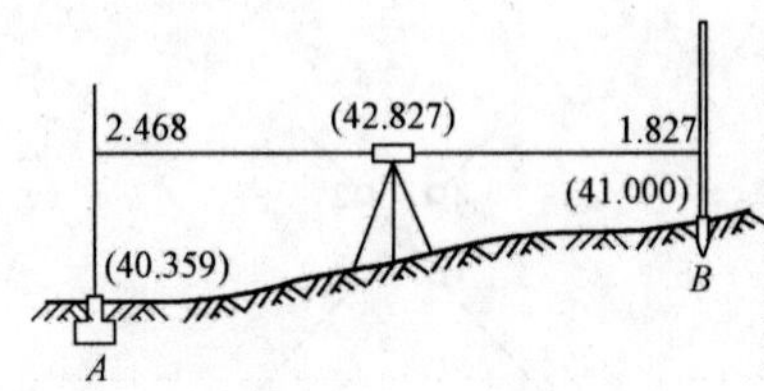

图 7-3 高程放样

设 A 点的已知高程为 $H_A=40.359$，在 B 点放样高程为 $H_B=41.000$，则在 A、B 间安置水准仪，后视 A 尺读数 $a=2.468$ m，则此时仪器的视线高程为：

$$H_i=40.359+2.468=42.827$$

由此算出 B 点的尺读数 b 应为：

$$b=H_i-H_B=42.827-41.000=1.827 \text{ m}$$

操作时，在 B 点徐徐打入木桩，直至前视 B 尺读数 b 恰好为 1.827 m 为止，即得到 B 点的放样高程。

四、平面点位的放样

平面点位的放样方法有：直角坐标法、极坐标法、角度交会法和距离交会法等，在公路施工中常用角度交会法和极坐标法。

1. 极坐标法

当放样点距已知直线上某点不远且容易量距时，宜采用此法。

如图 7-4 所示，P 为待放点，A、B 为控制点。如以 A 点为测站点，则可以根据放样点的坐标算出距离 d 和夹角 β。

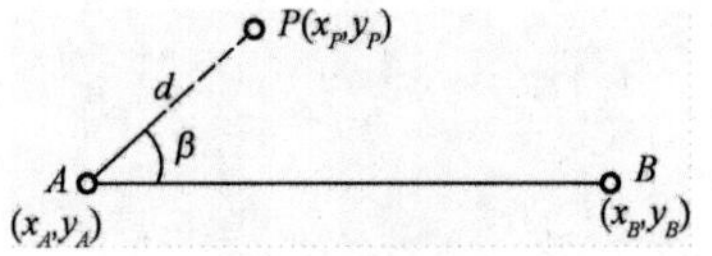

图 7-4 极坐标法

用经纬仪和钢尺把夹角 β 和水平距离 d 放到地面上去，即确定出了地面 P 点的位置。

2. 角度交会法

如图 7-5 所示，先根据控制点 A、B 和放样点 P 的坐标，标出水平角 β_1、β_2，再在 A、B 两点分别安置经纬仪放出 β_1、β_2，并在交会方向上于 P 点前、后分别标定导桩 1、2 和 3、4，并分别拉上线绳，则两线的交点即为角度交汇点 P。此法适用于地形起伏较大，丈量距离困难的地段。

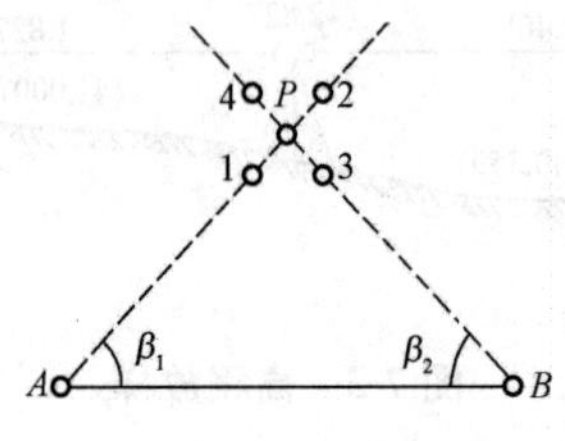

图 7-5　角度交会法

参 考 文 献

[1] 中国有色金属工业协会．GB 50026－2007　工程测量规范[S]．北京：中国标准出版社，2008.

[2] 中交第一公路勘察设计研究院．JTG C10－2007　公路勘测规范[S]．北京：中国标准出版社，2007.

[3] 张坤宜．交通土木工程测量[M]．武汉：华中科技大学出版社，2010.

[4] 钟孝顺、聂社．测量学(公路与城市道路、桥梁、隧道工程专业用)[M]．北京：人民交通出版社，1997.

[5] 交通部公路管理公司中国公路学会．JTJ 001－97　公路工程技术标准[S]．北京：人民交通出版社，1997.

[6] 张尤平．公路测量(公路施工与养护专业)[M]．北京：人民交通出版社，2000.

[7] 朱爱民．工程测量(21 世纪交通版　高等学校应用型本科规划教材)[M]．北京：人民交通出版社，2010.